닥터K
역대급 발명왕

닥터 K
역대급 발명왕

애덤 케이 쓰고
헨리 패커 그림
박아람 옮김

KAY'S INCREDIBLE INVENTIONS

Text copyright © Adam Kay, 2023 Illustration copyright © Henry Paker, 2023
First published as KAY'S INCREDIBLE INVENTIONS in 2023 by Puffin, an imprint of
Penguin Random House Children's. Penguin Random House Children's is part of the
Penguin Random House group of companies.

Korean translation copyright © 2025 by Will Books Publishing Co.,
Korean translation rights arranged with PENGUIN BOOKS LTD through EYA Co.,Ltd.

- 이 책의 한국어판 저작권은 EYA Co.,Ltd를 통한 PENGUIN BOOKS LTD와의 독점 계약
  으로 ㈜윌북이 소유합니다.
- 저작권법에 의하여 한국 내에서 보호를 받는 저작물이므로 무단 전재 및 복제를 금합니다.

이 안에 담긴 내용이 모두 사실인지 확인해 준 나의 로봇 도우미
도우미트론-6000에게 이 책을 바칩니다.
역사상 가장 위대한 발명가인 나 애덤 케이에게도 바칩니다.

 사실은? - 사실과 전혀 다릅니다.

차례

들어가는 말　　　　　　　　　　　　　　　9

1부
집 안–변기와 전기 그리고 전구

욕실 The Bathroom　　　　　　　　　　14
침실 The Bedroom　　　　　　　　　　 48
주방 The Kitchen　　　　　　　　　　 76
거실 The Livingroom　　　　　　　　　109
전기 Electricity　　　　　　　　　　　 135

2부
집 밖과 그 너머–자전거와 자동차와 잠수함

건축물 Building　　　　　　　　　　　166

찾아보기　　　　　　　　　　　　　　204

들어가는 말

네 주위를 한번 둘러볼래? 뭐가 보이니? 만약 네가 네 방에서 이 책을 읽고 있다면, 머리 위에는 형광등이 있고 침대 옆에는 알람시계가 보일 거야. 침대에 누워 있다면 네가 덮은 이불과 네가 깔고 누운 침대도 보이겠지. ⚡ **사실은? - 통계를 확인해 본 결과, 이 책은 침실보다는 화장실에서 읽는 독자가 더 많습니다.** ⚡ 만약 나처럼 거실에서 이 책을 읽고 있다면 텔레비전과 소파, 벽난로에 토하고 있는 개가 보일…… 으악, 피핀! 그만!

네 주변에 있는 그 모든 사물이 어디서 왔는지 궁금하지 않니? 온라인 쇼핑몰에서 샀다고? 에이, 그런 얘기가 아니야. 그러니까 내 말은, 휴대폰을 만드는 놀라운 아이디어나 학교를 세우는 짜증나는 아이디어를 처음 낸 사람이 누구인지 궁금하지 않냐는 거야. 물론, 하늘에서 반짝이는 것, 시간이 갈수록 점점 자라는 것, 멍멍 짖거나 뿡뿡 방귀를 뀌어대는 건 예외야. 이런 걸 빼고 우리 주변에 있는 모든 사물은 누군가가 발명한 것이거든. 예를 들어, 전자레인지는 어느 과학자가 우연히 발명했고 트램펄린은 열여섯 살 소년이 생각해 냈어. 또 어떤 천재는 냄새나는 영화관을 만들기도 했지.

　지금부터 현대식 변기에 처음 똥을 눈 여왕을 만나 보고 수염으로 전구를 만든 이야기도 들어 보자. 과거에는 왜 마가린에 구더기가 득실거렸는지, 고대 그리스 사람들은 왜 접시로 엉덩이를 닦았는지, 진공청소기의 이름이 '스팽글'이 될 뻔한 이유는 무엇인지, 최초의 잠수함은 왜 가죽과 기름으로 만들어졌는지, 개가 어떻게 벨크로(일명 '찍찍이')를 발명했는지, 비행기를 만들기 위해 왜 전 국민이 한동안 소시지를 먹고 싶어도 참아야 했는지, 영화배우가 어떻게 와이파이를 발명했는지도(참고로 『해리 포터』의 엠마 왓슨은 아니야.) 함께 알아볼 거야.

　역사를 통틀어 가장 중요한 발명가의 얘기도 들려줄게. 그건 바로…… 나, 애덤 케이야. 나는 세계 최초의 로봇 도우미인 '도우미트론-6000'을 발명했을 뿐 아니라 뛰어난 두뇌로 머스터드

커스터드와 수상한 수중 피아노 등 8000가지가 넘는 역대급 발명품들을 만들었거든. 전부 애덤 케이 천제 주식회사에서 지금 바로 주문할 수 있어. ⚡ **사실은? – '천제'가 아니라 '천재'입니다.** ⚡

재미있을 것 같지 않니? 이제부터 나만 따라오면 돼! 재미없을 것 같다고? 그럼 이 책을 덮고 제럴드 퐁당의 『내가 가장 좋아하는 흰색 페인트 몇 가지』를 읽든가. ⚡ **사실은? -** 『**내가 가장 좋아하는 흰색 페인트 몇 가지**』**가 이 책보다 더 훌륭하고 인기도 많습니다.** ⚡

욕실
(THE BATHROOM)

욕실

가장 먼저 살펴볼 곳은 집 안에서 똥을 누어도 괜찮은 유일한 장소, 바로 거실이야. ⚡ **사실은? - 욕실입니다.** ⚡

100년 전 과거에서 시간 여행을 온 독자들에게: 오늘날 욕실은 집 안에 있는 공간이야. 이곳에서 사람들은 똥을 누고 이를 닦고 목욕을 하지.

현대의 독자들에게: 욕실이 발명된 지 얼마 안 됐기 때문에 과거의 독자들에게 설명해 주었어. 이제 우리는 오줌을 누러 마당에 나갈 필요가 없잖아. 이에 대해 누구에게 고마워해야 하는지 곧 알게 될 거야. 넌 마당에 나가서 오줌을 누고 싶다고? 그럼 그 사람을 원망하렴.

미래에서 시간 여행을 온 독자들에게: 우리 개 피핀이 미래에도 계속 식기세척기에 똥을 누는지 알려 줄래? 2185년에 지구를 점령하는 자아그의 문어 인간들이 우리 지구인들에게 잘해 주는지도 궁금해. 아, 맞다. 다음 주 로또 당첨 번호도 좀 알려 줘.

로또 당첨 번호는 2, 15⋯⋯ 흠⋯⋯ 그때 적어 놓았어야 했는데. 기억이 잘 안 나네.

똥 수다 똥 세례

화장실은 엉덩이만큼이나 역사가 오래됐어. 똥과 오줌은 피핀에게는 맛있는 간식이지만 우리에게는 지독한 냄새를 풍기는 오물이지. 그래서 오래전부터 사람들은 똥과 오줌으로부터 최대한 멀리 있으려고 애썼어. 2000년 전 고대 로마 사람들은 공중화장실에서 볼일을 봤지. 그런데 뭐가 문제였을까? 그 시대의 공중화장실은 구멍이 송송 뚫린 긴 의자였거든. 그 밑에는 구덩이가 있고 스무 명쯤 되는 사람들이 구멍을 하나씩 차지하고 나란히 앉아서 볼일을 보며 수다를 떨었다니까. 이번 휴가는 어디로 갈지, 입고 있는 옷은 어디서 샀는지, 뭐 그런 얘기를 나눴지.

600년쯤 전까지만 해도 사람들은 똥을 창밖으로 버렸어. 창문 밖으로 엉덩이를 내밀고 바로 똥을 누기도 했고, 통 안에 눈 뒤 창밖에 내다 버리기도 했지. 커다란 성에 사는 사람들은 성 주위에 길게 파 놓은 연못, 그러니까 '해자'라는 곳에 똥을 버렸어. 물고기들이 썩 좋아하지 않았겠지? 게다가 높은 건물에서 똥을 버리면 그 똥이 길거리에 철퍽 떨어지곤 했어. 그래도 그때는 이미 우산이 발명되었다는 게 길을 걷는 사람들에게는 다행이었지. (내 변호사 나이절의 당부! 창밖으로 똥을 버리는 건 법을 어기는 일이기도 하고 역겹기도 하니까 절대 해선 안 된대.)

여왕님의 변기

왕이나 여왕의 선물을 고르는 건 무척 어려운 일이야. 왕의 반려견을 위한 다이아몬드 목걸이가 좋을까, 아니면 해자에 넣을 커다란 고무 오리가 좋을까? 400년 전 영국의 존 해링턴John Harington이라는 사람도 이 문제로 고민하고 있었어. 존은 영국 여왕이었던 엘리자베스 1세Elizabeth I에게 많은 도움을 받았기 때문에 좋은 선물을 드리고 싶었지. 게다가 엘리자베스 여왕은

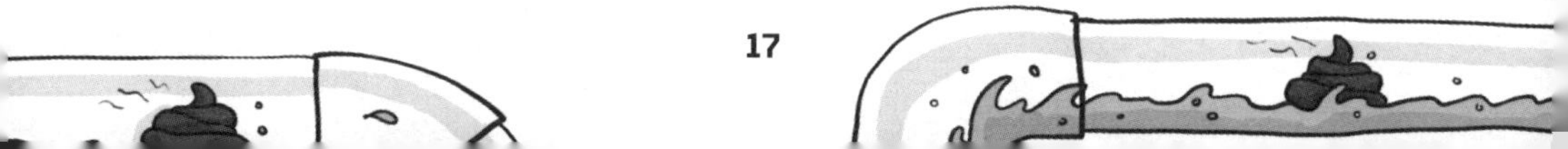

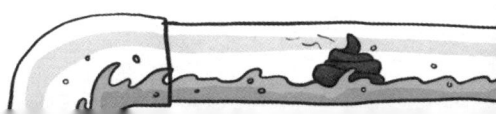

툭하면 사람들의 목을 자르기도 했고 말이야.

그런데 존에게 굉장한 아이디어가 떠올랐어. 볼일을 본 뒤 물을 내리는 최초의 수세식 변기를 생각해 낸 거야. 존은 이 변기를 실제로 만들고 아이아스Ajax라는 이름까지 붙였어. 그리고 여왕님이 사는 리치먼드 궁전의 커다란 화장실에 이 변기를 설치했지. 여왕님이 이 선물을 받으면 무척 기뻐할 거라고 생각했거든. 실제로 엘리자베스 여왕은 이 신기하고 새로운 변기를 보고 아주 좋아했고, 가장 아끼는 똥을 거기에 누었어. 사실은? - 엘리자베스 여왕에게 아끼는 똥이 있었는지는 확인되지 않았습니다.

이름 평가로 찬물 끼얹기
8/10
이건 그래도 세련된 이름이네.

여왕님의 드레스가 왜 저렇게 크지?

변기의 변천

궁전에 설치된 화장실은 (여왕님만 좋아할 뿐) 보통 시민들에게는 별로 인기가 없었어. 그 시대에는 집 안에 수도관이 없었거든. 궁전에서는 여왕이나 여왕의 가족이 오줌을 눌 때마다 신하들이 우물에 가서 커다란 양동이 세 개에 물을 가득 채운 뒤, 그걸 들고 위층으로 올라가 변기 안에 부어 물을 내렸지. 너희 집은 어떤지 모르겠지만 우리 집에는 변기에 물을 부어 줄 신하들이 없거든. 로봇 도우미가 있긴 하지만 내가 시키는 일을 절대 하지 않아. ➤ 사실은? - 지난 10년 동안 주인님이 시킨 일을 네 번이나 했는데요. ➤

얼마 후 영국은 화장실 문제가 너무 심각해져서 한시라도 빨리 해결해야 하는 상황이 되었어. 갈색 덩어리들이 전부 강으로 흘러들었는데 그 물을 마시는 물로 사용하면서 사람들이 병에 걸리기 시작했거든. 이 문제의 해결책은 하수도였어. 그래서 정부는 사람들의 화장실에서 나오는 오물을 안전하게 처리하는 커다란 수도관을 지하에 설치했지. 그때부터 화장실과 변기의 기술이 폭풍처럼 발전하기 시작한 거야. 변기의 이런 발전에 가장 큰 공을 세운 인물은 토머스 크래퍼 Thomas Crapper라는 따분한 이름을 가진 사람이었어.

1880년 영국 사람들의 화장실에서는 지독한 냄새가 났어. 물론, 요즘에도 화장실에서 갓 구운 빵처럼 좋은 냄새가 나는 건 아니지만…… 1880년에는 1000배쯤 지독했다니까. 하수도의 악

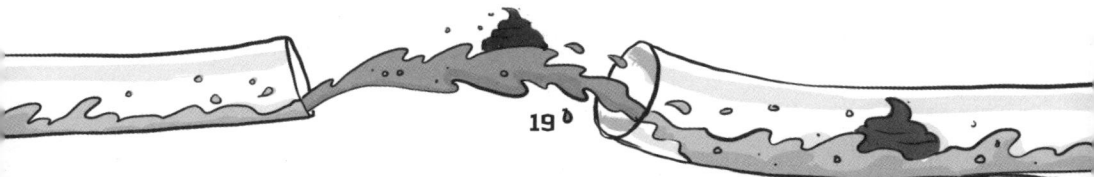

취가 집 안의 변기로 올라와서 마치 고질라가 고추 한 트럭을 먹고 설사를 한 듯한 냄새가 풍겼지. 토머스 크래퍼는 해결책을 냈지만 그 물건에 자기 이름을 붙이지는 않았어. 토머스가 발명한 건 알파벳 U(유)자 모양의 파이프라서 '유밴드**U-bend**'라고 불리는 물건이야. 오늘날에도 변기 뒤쪽에 이 유밴드를 사용하니까 너희 집에서도 볼 수 있을 거야. 변기에서 하수관으로 연결되는 파이프가 U자 모양이면 하수도에서 독한 방귀 가스가 올라와 사람들을 기절시키는 일을 막을 수 있거든. 너희 집 변기를 한번 볼래? 아니, 변기에 물이 고여 있는 곳을 보라는 게 아니라 변기 위쪽, 그러니까 물 내리는 버튼이 달린 곳을 열어 봐. 공 하나가 떠 있고 거기에 연결된 막대가 보일 거야. 이 막대를 볼콕**ballcock**이라고 부르는데 이것도 토머스의 발명품이야. 물이 넘치도록 많이 흘러들어 오는 것을 막아 주는 역할을 하지. (내 변호사 나이절의 당부! 집에 있는 변기 안을 보고 싶다면 반드시 어른에게 도와 달라고 해야 한대. 너희들이 이 책을 읽고 변기를 망가뜨렸다고 나를 신고할까 봐 걱정되는 모양이야.)

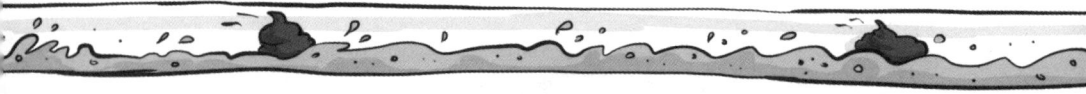

욕실

이제 내 로봇 도우미에게 거짓말 탐지기를 켜 보라고 할게. 토머스 크래퍼에 관한 다음 사항 중에서 새빨간 거짓말을 찾아보렴.

로봇 도우미의 거짓말 탐지기

1. 토머스 크래퍼는 세계 최초의 변기 판매점을 열었다.
2. 슬프게도 변기에 빠져 세상을 떠났다.
3. 그가 설계한 변기에 수많은 왕족의 엉덩이가 닿았다.
4. 런던의 웨스트민스터 사원에 가 보면 그곳의 배수구를 고친 토머스 크래퍼의 이름이 새겨진 맨홀 뚜껑들을 볼 수 있다.
5. 토머스 크래퍼 변기는 오늘날에도 만들고 있다.

정답은 2. 그가 대파이 중년을 누리다가 아직 사진 양았습니다.

변기의 변신

나는 내 자동차에 돈을 좀 썼거든. 만약 변기에 그보다 더 많은 돈을 쓸 생각이 있다면 다음과 같은 기능을 추가할 수 있어.

- 높낮이 조절
- 블루투스 스피커 (나였으면 응가투스 스피커라고 이름 붙였을 거야.)
- 따뜻한 시트
- 엉덩이를 씻어주는 물 분사기
- 색색의 조명
- 엉덩이 건조기
- 시간 여행

⚡ 사실은? - 시간 여행 기능이 있는 변기는 아직 없습니다. ⚡

너 어떤지 모르겠지만 솔직히 나는 그렇게 비싼 변기에 똥을 눌 수 없을 것 같아.

화장지를 두루두루

두루마리 화장지를 발명한 사람은 두루미를 키우던 드루 마리라는 여자야. ⚡ 사실은? - 저의 수준 확인 기능에 따르면 이 부분은 처음부터 다시 시작하는 게 좋겠습니다. ⚡

 알았어. 다시 해 볼게. 서양에서 두루마리 화장지가 두루두루 사용된 지는 겨우 130년밖에 안 됐어. 하지만 너도 알다시피 사람들은 그보다 훨씬 더 오랫동안 똥을 누어 왔잖아? 그전에는 뭘로 엉덩이를 닦았을까? 긴 벤치 변기에 나란히 앉아 수다를 떨던 고대 로마인들은 볼일을 다 보고 나면 한 사람씩 일어나 막대에 달린 스펀지로 엉덩이를 닦았어. 그러고 나면 다음 사람이 그

스펀지로 엉덩이를 닦고…… 또 그다음 사람이…… 그다음 사람도…… 휴, 다 끝났으니까 이제 숨 쉬어도 좋아. 고대 로마에 태어나지 않아서 정말 다행이지?

고대 그리스에서는 몹시 싫어하는 사람의 이름을 식사용 접시에 써 두었다가 다음 화장실에 갈 때 그걸로 엉덩이를 닦곤 했어. 이 똥접시 유행이 지나가자 사람들은 아무거나 손에 집히는 대로 사용하기 시작했지. 나뭇잎, 풀, 동물 가죽, 심지어 꼬챙이에 꽂은 옥수수를 엉덩이를 닦는 데 쓰기도 했어. 옥수수는 그리 편리하지 않았을 것 같네.

중국 사람들은 700년쯤 전에 이미 화장지를 만들었지만 그

욕실

게 유럽이나 아메리카 대륙에 전파되기까지는 꽤 오랜 시간이 걸렸어. 700년 전 중국인들은 상자에 종이를 넣어 놓고 그걸로 엉덩이를 닦았는데, 요즘 사용하는 종이와 비슷했지. 엉덩이를 닦다가 종이에 베는 일은 없었는지 모르겠네. 아메리카 대륙에 처음 두루마리 화장지가 등장한 건 1857년이었어. 아마 이틀쯤 뒤부터 사람들은 화장지를 접어서 쓰자는 '접어쓰'와 뭉쳐서 쓰자는 '뭉쳐쓰'로 나뉘어서 말다툼을 벌이기 시작했을걸. 나는 **#뭉쳐쓰** 편이야. 1952년이 되자 많은 회사에서 색깔 있는 화장지를 만들기 시작했어. 화장지가 욕실 벽 색깔이나 양말 색깔과 맞아떨어지면 좋잖아. 왜인지 모르겠지만 갈색 화장지는 잘 안 팔렸다고 하더라.

목욕은 차례차례

서양에서 집 안에 욕실을 짓기 시작한 건 150년 전쯤이야. 그전까지는 다음 세 가지 방법을 쓸 수 있었어.

첫째, 공중목욕탕에 간다. 공중목욕탕은 수영장과 비슷하지만 비누와 스펀지 등이 마련되어 있고 모두가 발가벗고 있는 곳이야. 둘째, 마당에 양철 욕조를 놓아두었다가 일주일에 한 번씩 집 안으로 들여와 화로 옆에 놓고 뜨겁게 데운 물을 채운다. 이건 아주 번거로운 일이었어. 그래서 한 번 욕조를 옮기면 집안에서 가장 나이 많은 어른부터 막내까지 차례로 목욕을 했지. 할아버지가 욕조 안에서 오줌을 누었다고 해도 어쩔 수 없었어. 집안의 막내가 이 역겨운 욕조에 들어갈 때쯤이면 물이 뿌옇게 변해서 자기 발가락도 안 보였을걸. 셋째, 목욕을 포기하고 냄새나는 채로 산다. 이건 피핀이 가장 좋아하는 방법이지. ➤ **사실은? - 주인님이 가장 좋아하는 방법이기도 하고요.** ⚡

욕실

시간이 흘러 집으로 물을 곧장 보낼 수 있게 되자(아니, 택배 아저씨가 갖다주는 게 아니라, 수도관을 통해서 보낼 수 있게 됐다는 말이야.) 마침내 사람들은 수도꼭지가 달린 욕조를 사기 시작했어. 옛날 욕조에는 우습게도 사자 발 모양의 다리가 달려 있었어. 마치 사자가 마녀의 저주에 걸려 욕조로 변한 것처럼 보였다니까. 우리 집에도 그런 욕조가 있었는데 피핀이 진짜 사자인 줄 알고 짖어대서 결국 다른 욕조로 바꿨지 뭐야. 솔직히 말해서 피핀은 그리 똑똑한 개는 아닌 것 같아.

샤워의 파워

윌리엄 피섬William Feetham은 피투성이 섬에 살았던 사람으로 유명했어. ⚡ 사실은? - 윌리엄 피섬은 최초의 샤워기를 발명한 사람으로 유명합니다. ⚡ 최초의 샤워기는 샤워기라기보다는 사람이 들어가서 설 수 있는 커다란 목제 옷장처럼 생겼어. 수도꼭지 손잡이 대신 긴 사슬이 달려 있고, 그것을 당기면 머리 위에 있는 물통 뚜껑이 열리면서 물 한 양동이가 한꺼번에 쏟아져 내렸지. 그림으로 표현해 봤는데, 혹시 지루할까 봐 환타 마시는 산타 그림도 준비했어.

욕실

한꺼번에 왕창 쏟아진 물로 샤워를 끝내기엔 곤란하겠지? 그래서 커다란 핸들을 돌리면 밑에 고인 물을 다시 머리 위에 있는 물통으로 끌어올릴 수 있게 만들었어. 이 과정을 몇 번 되풀이하는 거지. 하지만 사슬을 당길 때마다 물은 점점 더 차가워질 뿐 아니라 더러워지기도 했어. 게다가 너처럼 샤워하면서 동시에 오줌을 누기라도 하면 오줌과 물이 함께 위로 올라가 머리 위로 쏟아져 내렸지. 참고로 나는 샤워할 때 절대 오줌을 누면서 하지 않아. ↘ **사실은? - 주인님은 샤워할 때마다 항상 오줌을……** ↙ 이런, 자리가 부족해서 이만 줄일게.

욕실에서 만난 물건들

평소 욕실에서 쓰는 다양한 크림과 약품, 잡동사니도 빠르게 살펴보자.

칫솔

사람들은 이를 닦지 않으면 결국 분필처럼 부서진다는 것을 아주 오래전부터 알고 있었어. 아니, 사람이 부서지는 게 아니라 이가 부서진다고. 고대 이집트의 왕인 파라오들이 이를 닦을 때 사용한 나뭇가지들이 피라미드 안에서 발견되기도 했지.(솔직히 나는 나무에서 떨어진 가지들이 우연히 그 안에 들어갔을지도

모른다고 생각하지만, 고고학자들이 이를 닦을 때 썼다고 하니 그게 맞을 거야.) 오늘날 우리가 사용하는 것과 비슷한 칫솔을 처음 만든 사람은 윌리엄 애디스William Addis라는 영국인이야. 윌리엄은 1770년 폭동을 일으킨 죄로 감옥에 갇혀 지냈어. 어느 날 저녁, 그는 식사를 하고 남은 뼈다귀 하나를 몰래 숨겨 자기 방으로 갖고 들어갔어. 그리고 이 뼈다귀의 한쪽 끝에 돼지털을

꽂아 그걸로 이를 닦았어. 돼지털은 어디서 났냐고? 나도 모르겠어. 대체 어쩌다 돼지가 감옥에 갔을까?

월리엄은 감옥에서 나온 뒤에 칫솔 공장을 열었어. 위즈덤 **Wisdom**이라는 이름의 이 회사는 200년이 넘게 지난 지금까지도 수백만 개의 칫솔을 생산하고 있지. 더 이상 뼈다귀와 돼지 엉덩이 털로 칫솔을 만들지는 않을 거야. ⚡ 사실은? - 처음으로 맞는 말을 했네요. ⚡

최초의 전동 칫솔은 70년 전인 1954년, 필리프 기 우그 Philippe Guy Woog라는 멋진 이름을 가진 스위스 과학자가 발명했어. 우그 박사는 자기 발명품에 브록소당Broxodent이라는 이름을 붙였는데, 프랑스어로 이닦개BrushyTeeth라는 뜻이야. 이제부터 칫솔을 이닦개라고 부르면 어떨까?

이름 평가로
찬물 끼얹기
9/10
브록소당보다
훨씬 낫네.

치약

이닦개가 마음에 들지 않아서 불평한 적이 있니? 그렇다면 고대 이집트에 태어나지 않은 걸 다행이라고 생각하렴. 고대 이집트에서는 부서진 뼈다귀와 오래된 달걀 껍데기, 오줌, 말발굽, 향신료를 섞어서 이를 닦았거든. 지금으로부터 200년 전까지도 상황은 크게 나아지지 않았어. 사람들은 으깬 토스트에 비누를 섞어서 이닦개에 묻혀 사용했지. 오늘날 우리가 쓰는 것과 비슷한 치약은 1870년대에 등장했어. 미국과 영국에 있는 두 도시 이름을 합쳐놓은 이름을 가진 치과 의사 워싱턴 셰필드Washington Sheffield 덕분이었어. 그가 만든 박하 향이 나는 흰색 치약은 튜브에 포장되어 판매되었고 세척 효과도 훨씬 더 좋았어. 빠진 이를 가져간다는 요정만 빼고 모두가 좀 더 행복해졌지.

땀 냄새 제거제(디오더런트)

땀 냄새가 지독하다는 건 너도 알지? 사람들이 동굴에 살던 시대에는 겨드랑이 냄새나 땀 냄새를 신경 쓰지 않았어. 발톱과 송곳

니가 왕창 달린 무시무시한 동물을 피해 다니느라 바빴거든. 오히려 몸에서 고약한 냄새가 나는 게 더 좋았을지도 몰라. 사물함 안에 10년쯤 놓아둔 우유처럼 지독한 냄새를 풍기는 인간을 잡아먹고 싶은 동물이 어디 있겠니? 땀 냄새 제거제는 고대 이집트 사람들이 처음 발명했어. 겨드랑이에 귀리죽을 바르고 다녔거든. 땀 냄새보다는 귀리죽 냄새가 낫다고 생각했나?

지금으로부터 100년쯤 전에 에드나 머피 Edna Murphey라는 여성이 냄새 제거에 실제로 효과가 있는 약품을 발명했어! 에드나의 아버지는 의사였는데, 외과 의사들은 수술할 때 손에 땀이 나서 환자의 심장에 수술용 메스를 떨어뜨리기도 했거든. 에드나는 이런 사고를 막고 싶었어. 혹시 나에게 수술받은 환자들이

이 책을 읽고 있다면, 저는 심장에 메스를 떨어뜨린 적이 없으니 걱정하지 마세요.

에드나는 아버지와 함께 땀이 나는 것을 막아 주는 오도로노라는 액체를 개발했어. 그리고 겨드랑이에 땀이 나는 사람들에게도 판매하기 시작했지. 하지만 오도로노는 완벽하지 않았어. 산성이 심해서 그걸 바르면 옷에 구멍이 나기도 했거든. (한 여성의 웨딩드레스에 구멍이 난 적도 있다니까. 이런.) 그래도 에드나 덕분에 이후 다양한 땀 냄새 제거제가 등장했고 현재 이 산업은 1년에 15조 원이 넘는 가치를 가진 엄청난 규모로 발전했지. 이제 사람들은 만원 버스에 탈 때마다 악취 때문에 기절할까 봐 걱정할 필요가 없어.

비누에 대해서도 알아볼까? 아니면 몰라볼까? ⚡ **사실은? - 저의 유머 평가 기능에 따르면 이 유머는 100점 만점에 3점입니다.** ⚡

　사람들은 5000여 년 전부터 비누를 만들었어. 우리 프루넬라 고모할머니의 욕실에는 아마 지금도 최초의 비누와 비슷한 비누가 있을 거야. 먼 과거에는 동물 기름과 재를 섞어서 비누를 만들었지. 이런 비누로 씻으면 어쩐지 더 더러워질 것 같지 않니? 현미경으로 비누를 들여다보면 올챙이처럼 생긴 분자가 보일 거야. 이 올챙이의 한쪽 끝은 물을 좋아해서 물과 엉기고 다른 쪽 끝은 기름을 좋아해서 기름과 엉겨 붙어. 우리 피부에서는 기름이 나오는데, 몸이 더러워지면 그 기름에 세균과 먼지가 붙지. 여기에 비누를 칠하면 올챙이 모양 분자 가운데 기름을 좋아하는 부분이 피부에 있는 기름에 들러붙어. 물로 헹구면 물을 좋아하는 부분이 세균과 기름, 오물을 모두 데리고 물속으로 뛰어드는 거야. 이것도 그림으로 표현해 봤어. 혹시 지루하다면 스파게티 먹는 전설의 예티 그림도 준비했으니 그걸 감상하도록.

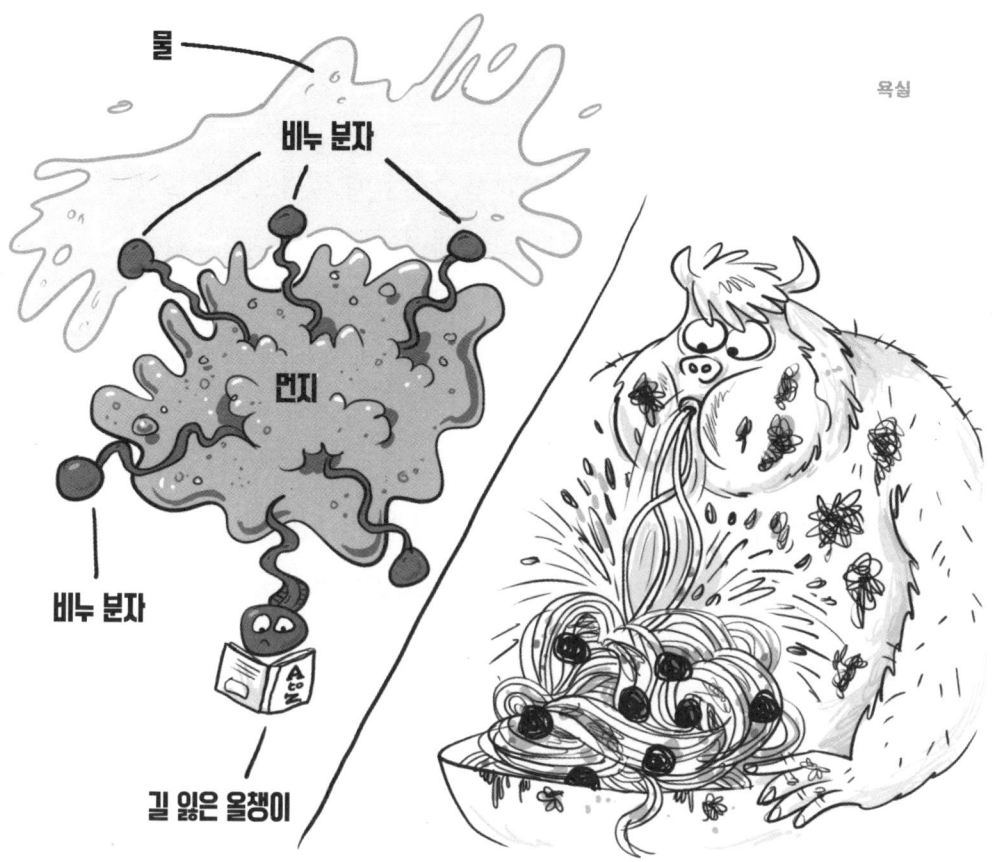

크림

고대 로마 사람들은 다양한 방법으로 피부를 보호하려고 노력했어. 얼굴에 거위 기름이나 악어 똥, 검투사의 땀, 오줌을 바르기도 했고 독성이 있는 납을 바르기도 했지. 솔직히 나라면 그냥 물로 얼굴을 씻고 말겠어. 400년쯤 전에는 여기서 좀 더 발전했어. 레몬즙과 달걀흰자, 대황이라는 풀 등으로 얼굴에 바르는 크림을 만들었거든. 솔직히 이런 재료로는 크림보다 머랭 쿠키를 만드는 편이 더 좋을 것 같지만 말이야. 오늘날 우리가 쓰는 것과 비슷한 크림을 만든 사람은 헬레나 루빈스타인Helena Rubinstein

이라는 여성이야. 헬레나는 1896년, 26살 때 폴란드에서 호주로 이주했고, 그때부터 어머니가 고향에서 만들어 주던 크림을 직접 만들었어. 이 크림은 금세 유명해졌고 엄청난 인기를 끌었지. 그리고 얼마 후 헬레나는 이 크림을 팔아 세계에서 가장 부유한 여성이 됐어! 나도 매일 아침 빼먹지 않고 얼굴에 크림을 바르거든. 이게 바로 내가 영화 주인공처럼 멋진 모습을 유지하는 비결이지. ⚡ 사실은? - 제 이미지 평가 기능에 따르면 이 말은 사실입니다. 주인님은 영화 〈킹콩〉의 주인공과 아주 비슷하게 생긴 것으로 확인됐습니다. ⚡

화장품

우리가 현대에 살고 있어서 정말, 정말 다행인 것 같아. 곤충을 으깨어 만든 고대 이집트의 립스틱을 바를 필요도 없고 구역질 나는 14세기 이탈리아 안약을 쓸 필요도 없으니까. 눈이 벌겋게 붓고 이가 빠지기도 하는 18세기의 납 파운데이션을 쓸 필요도 없지. 하지만 오늘날에도 용연향이라는 고래의 구토를 넣은 향수가 있어. ⚡ 사실은? - 사실입니다. ⚡ 반드시 상품의 성분 표시를 꼼꼼히 읽어보길…….

바셀린

피부가 건조하거나 어딘가에 긁히고 쓸렸

을 때 바셀린을 써 본 적이 있니? 바셀린은 1872년 로버트 치즈브로Robert Chesebrough라는 사람이 석유에서 특정 성분을 추출해 만든 크림이야. 로버트 치즈브로는 바셀린으로 무슨 병이든 치료할 수 있다고 믿었어. 그래서 가슴에 염증이 생겼을 때 머리부터 발끝까지 바셀린을 바르기도 했지. 심지어 건강식품이라고 믿고 매일 한 숟가락씩 떠먹기도 했다니까. 우웩. 하지만 로버트가 96세까지 산 것을 보면 정말 건강에 도움이 되었는지도 모르지. (내 변호사 나이절의 당부! 바셀린은 맛도 이상하고 건강식품이 아니니까 절대로 먹으면 안 된대.)

참일까 똥일까?

과거에는 화산에서 욕실 거울이 나오기도 했다.

참 요즘 거울은 유리 뒷면에 반짝이는 물질을 코팅해서 만들어. 그런데 수천 년 전 동굴 속에서 앞머리가 가지런한지 확인하고 싶으면 어떻게 했을까? 연못에 얼굴을 비춰 볼 수 없다면 바위에 광을 내서 들여다볼 수밖에 없었어. 광이 가장 많이 나는 암석은 흑요석이라는 검은색 돌인데, 과거에는 바둑돌의 흑돌을 만들 때 쓰곤 했어. 한가지 문제가 있다면 흑요석은 화산에서 나온다는 거였지. 엄청나게 뜨거웠을 텐데, 오븐용 장갑은 있었을까?

으악, 너무 뜨거워! 그래도 내 이는 아주 괜찮구만.

샤워할 때보다 목욕할 때 물을 더 많이 쓴다.

참 환경을 위해서나 절약을 위해서나 물은 아껴 쓰는 게 좋아. 네가 샤워할 때마다 긴 노래를 여러 곡 부르거나 너희 집 욕조가 양동이만큼 작은 게 아니라면, 목욕보다는 샤워를 할 때 물을 훨씬 더 적게 쓰겠지. 나는 물을 절약하기 위해 피핀을 목욕시킨 뒤 그 물에 들어가서 목욕해. ⚡ 사실은? - 주인님에게서 이상한 냄새가 나는 이유를 이제 알았네요. ⚡

런던에는 화장실을 주제로 꾸민 공원이 있다.

똥 혹시 그 공원 때문에 런던에 놀러 오려 했다면 유감이야. 하지만 그렇게 멀리 갈 필요가 없어. 세계 유일의 화장실 공원은 바로 한국에 있거든. 화장실에서 태어나 화장실에 평생을 바친 심재덕이라는 분이 만든 공원이야. '화장실 선생'이라는 별명으로도 알려진 심재덕 선생은 커다란 변기 모양으로 개조한 집에 살았어. 2009년 세상을 떠나면서 자신의 변기 모양 집을 수원시에 기증했지. 그리고 수원시가 2010년에 이 집을 화장실 문화 전시관인 '해우재'로 개조한 거야. 이 정도면 정말…… '화장실'에 '환장'했다고 할 수 있지 않을까? 그나저나 이 유머는 꽤 괜찮은걸? ⚡ 사실은? - 저의 유머 평가 기능에 따르면 이 유머는 100점 만점에 1점입니다. ⚡

케이에게 물어봐

변기에 빠뜨리는 휴대폰은 1년에 몇 대나 될까?

영국에서는 해마다 약 200만 명이 실수로 변기에 휴대폰을 빠뜨려. 혹시 휴대폰을 변기에 빠뜨린다면 곧바로 쌀이 가득 든 그릇에 넣고 말리도록. 변기에 쌀을 떨어뜨리게 되면 휴대폰이 가득 든 그릇에 넣고 말리고. (내 변호사 나이절의 당부! 둘 다 해선 안 된대.)

네 주변에 화장실에 갈 때 휴대폰을 갖고 들어가는 사람이 있니? 그렇다면 이 사실을 꼭 알려 줘. 휴대폰이 화장실에 있는 온갖 지독한 세균으로 뒤덮일 텐데, 그 휴대폰으로 전화를 받으면…… 세균이 전부 얼굴로 옮겨온다고 말이야. 얼굴에 똥을 묻히는 거나 다름없다고 봐야지.

영국의 바스Bath라는 도시는 어떻게 목욕Bath이라는 이름을 갖게 됐을까?

바스라는 도시의 한가운데에는 대왕 하수구가 있는데 비가 오면 물이 그리로 다 흘러내려 가거든. 그리고 바스 시청 옆에는 모든 주민이 식수를 받는 커다란 수도꼭지가 있어. 그 근처에 있는 솔즈베리 언덕의 꼭대기에는 고대 러버덕이라는 노란 조각상이 있고. ⚡ **사실은? - 싹 다 틀렸습니다.** ⚡ 흠…… 처음부터 다시 해 볼게. 바스에 바스라는 이름이 붙은 건 그곳에 땅속 깊은 곳에서 나오는 뜨거운 천연 온천이 있기 때문이야. 오래전 로마인들은 바스로 목욕하러 가곤 했지! 늘 따뜻한 비가 내려 샤워를 할 수 있는 도시가 있었다면 '샤워'라는 이름이 붙었을 텐데 그런 도시는 없어. 참 안타까운 일이지.

화장실에서 볼일을 본 뒤 손을 씻는 사람은 얼마나 될까?

다행히 네 명 중에 세 명은 볼일을 본 뒤에 손을 씻는다고 해. 하지만 그 말은 곧 넷 중에 하나는 손을 씻지 않는다는 뜻이지. 그러고 보니 지금까지 악수했던 사람들이 떠오르네. 그중 4분의 1은 손에 오줌이 묻어 있었다는 뜻이잖아. 방금까지 배가 엄청 고팠는데 갑자기 입맛이 뚝 떨어졌어.

죽음의 발명

발명가라는 직업은 조금 위험할 수도 있어. 특히 아주 쓸모없는 발명가라면 더욱 그렇지. 뭔가를 발명하다가 깔리거나 터지거나 목숨을 잃을 수도 있거든. 그런 사람들을 함께 알아보자. 여기서 어떤 교훈을 얻어야 하는지는 너도 알겠지? 모르는 친구들을 위해 특별히 알려 줄게. **집에서 절대 따라 하지 마!** (내 변호사 나이절의 당부! 절대 따라 하지 말라고 강력하게 얘기해 달래.)

날개옷

1010년쯤 이스마일 이븐 하마드 알-자와리 Ismail ibn Hammad al-Jawhari라는 사람은 하늘을 나는 것이 그리 어렵지 않을 거라고 생각했어. 인간보다 훨씬 더 멍청한 새와 말벌도 날 수 있잖아? 그래서 높은 건물 꼭대기에 올라가 나무와 깃털로 만든 날개를 양팔에 묶은 뒤 허공으로 뛰어내리며 날갯짓을 시작했지. 어떻게 됐을까? 당연히 날지 못했어.

보는 것만큼 쉽지 않지?

침대 도르래

토머스 미즐리Thomas Midgley라는 발명가는 평생 쓸모 있는 물건을 많이 발명했어. 새로운 종류의 휘발유와 더 시원한 냉장고, 심지어 휘핑크림 캔도 발명했지. 토머스는 어느 날 몹쓸 병에 걸려 다리가 몹시 약해졌어. 매일 아침 침대에서 일어나는 게 힘들어지자 토머스는 밧줄과 도르래로 영리한 장치를 만들었지. 그런데 그게 사실은 별로 영리한 장치가 아니었지 뭐야. 그 장치에 목을 졸려 세상을 떠났거든. 이런.

신문 인쇄기

200년쯤 전 윌리엄 불럭William Bullock이라는 사람은 역사상 가장 빠른 신문 인쇄기를 발명했어. 이 기계에 커다란 두루마리 종이를 넣으면 양면으로 인쇄하고 신문 모양으로 접어 정확한 크기로 잘라 주기까지 했지. 그런데 한 가지 안타까운 일을 더 하고 말았어. 윌리엄을 끌고 들어가 신문처럼 납작하게 만들어 버렸거든.

증기 자전거

1896년, 실베스터 로퍼Sylvester Roper는 증기로 움직이는 자전거를 발명했어. 그런데 왜 오늘날에는 길에서 증기 자전거를 볼 수 없을까? 어느 날 실베스터가 증기 자전거를 타다가 곤란한 상황에 빠져 숨을 거뒀기 때문이지. 부디 평안히 잠들길.

낙하산복

프란츠 라이헬트Franz Reichelt는 옷을 만드는 재단사였어. 어느 날 그는 비행기 조종사들이 등에 메는 커다란 낙하산을 더 멋지게 개조해 보기로 했어. 결국 하늘을 날던 비행기가 갑자기 추락할 때 곧바로 낙하산으로 변하는 마법의 재킷을 만들었지. 1912년 프란츠는 그 재킷이 정말 낙하산으로 변한다는 것을 보여 주기 위해 직접 입고 프랑스 파리의 에펠탑에서 뛰어내리기로 했어. 그 시대에는 에펠탑이 세계에서 가장 높은 건축물이었거든. 그는 이 장면이 널리 알려지도록 전 세계 모든 방송국과 신문사 기자들까지 초대했어. 가엾은 프란츠. 발명하다가 세상을 떠난 사람들을 소개하는 부분에 실렸으니 그가 어떻게 됐는지 짐작할 수 있겠지? :-(

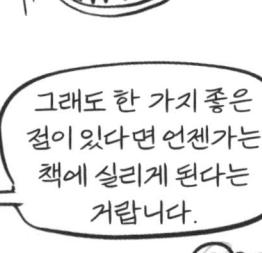

그래도 한 가지 좋은 점이 있다면 언젠가는 책에 실리게 된다는 거랍니다.

애덤 케이 천재 주식회사

애덤의 미남 미녀 미용 모자

미용실에서 한참 앉아 있는 게 지겹지 않나요? 그 시간에 집에서 닥터 K 시리즈를 읽고 싶지 않나요? 이 모자를 머리에 쓰고 딱 5분만 기다리면 여러분이 원하는 세련된 스타일로 머리가 완성됩니다.*

말도 안 되는 가격! 8,499,990원 (배터리와 면도날은 별도)

*현재 가능한 스타일은 '호랑이에게 잡아 뜯긴 스타일'

한 가지뿐이니 유의하세요.

침실
(THE BEDROOM)

아, 침실! 침실은 꿀잠을 자고 비디오 게임을 즐기는 곳이야. 그리고 제일 중요한 건 기록 제조기로 유명한 작가 애덤 케이의 책을 읽기도 하는 곳이지. ⚡ **사실은? - 주인님은 책 한 권에 가장 많은 맞춤법 오류를 낸 작가로 기록을 세웠습니다.** ⚡ 내 마춤뻡이 얼마나 끗내주는지 정학히 보여 주게써.

우리가 평생 동안 침실에서 보내는 시간은 평균 33년이야. 아니, 한 번에 33년을 있는다는 게 아니고, 평생 동안 침실에 있는 시간을 모두 합치면 그렇다는 거야. 그렇다면 침실을 이렇게 편안한 곳으로 만들어 준 사람들이 누구인지 알아 두는 게 좋지 않을까? 살짝 귀띔하면 장롱은 캡틴 윌리 장리롱리라는 사람이 발명했고 베개는 베넬로프와 베드리샤 쌍둥이 자매가 발명했어. ⚡ **사실은? - 처리 불가. 오류가 너무 많습니다.** ⚡

왕의 침대, 침대의 왕

침대의 역사는 인간의 역사 못지않게 오래됐어. 아무리 석기 시대 사람이라도 커다란 바위 위에 그냥 누우면 편안하지 않다는 것을 금세 깨달았겠지. 현재 발견된 매트리스 가운데 가장 오래된 것은 20만 년쯤 되었는데 온 가족이 함께 잘 수 있을 만큼 아주 넓어. (프루넬라 고모할머니는 아직도 그런 매트리스를 쓰고 계실걸.) 아빠 몸에서 쉰내가 진동하거나 방귀쟁이 조카가 곁에 있다면 조금 힘들었겠지? ⚡ **사실은? - 제가 계산한 결과, 주인님의 냄새는**

다른 가족보다 23배 지독합니다.

고대 이집트의 왕인 파라오들은 딱딱한 황금 침대에서 잠을 잤어. 호화롭긴 하지만 허리가 아팠을 거야. 그리고 300년 전 프랑스의 왕 루이 14세(프랑스 왕 중에 14번째로 루이라는 이름을 쓰는 후손이라는 뜻이야. 열네 살이라는 말이 아니라.)는 침대를 무척 좋아해서 총 413개의 다른 침대를 두고 매일 밤 자리를 바꿔가며 잠을 잤어. 중요한 회의를 침대에서 열기도 했는데, 왕이 회의 도중에 잠들면 침대가 편안하다는 뜻이니 아주 큰 영광으로 여겼대. 나도 내 책을 만드는 출판사 사람들과 따분한 회의를 할 때 이렇게 해 봐야겠다. 그런데 그 사람들이 이 부분을 읽으면 곤란한데.

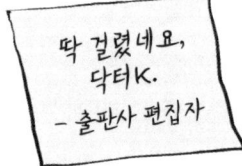

딱 걸렸네요, 닥터 K.
- 출판사 편집자

1968년 찰스 홀Charles Hall이라는 사람은 한 대학으로부터 아주아주 편안한 가구를 만들어 달라는 부탁을 받았어. 찰스는 간단한 아이디어를 냈지. 젤리를 채운 안락의자를 만들기로 한 거야. 결과는 대 실패였어. 의자가 너무 무거워서 여섯 명이 힘을 합쳐야 옮길 수 있었거든. 게다가 편안하지도 않았지. 나중에는 젤리가 썩어서 스컹크의 겨드랑이보다도 더 지독한 냄새를 풍겼다니까. (네 방에서 나는 냄새와 비슷했을걸.)

찰스는 포기하지 않고 방법을 바꿔 이번에는 물을 채운 매트리스를 만들었어. 이 물침대는 크게 성공했고 얼마 안 되어 미국에서는 다섯에 한 집꼴로 물침대를 들여놓았지. (내 변호사 나이절의 당부! 집에서 고슴도치를 기르고 있다면 절대 물침대를 사지 말래.)

　내가 예전부터 갖고 싶었던 발명품이 있었는데, 바로 머피 침대야. 100년쯤 전 윌리엄 머피William Murphy라는 남자는 미국 뉴욕에서 침대 하나만 간신히 들어가는 작은 방에서 살고 있었어. 그래서 낮에는 접어서 벽 안으로 쏙 넣어 놓았다가 밤이 되면 다시 펼치는 머피 침대를 발명했지! 기발하지 않니? 게다가 이 침대에 깔려 죽은 사람은 겨우 몇 사람뿐이야. 흠, 다시 생각해 보니 별로 갖고 싶지 않은 것 같네.

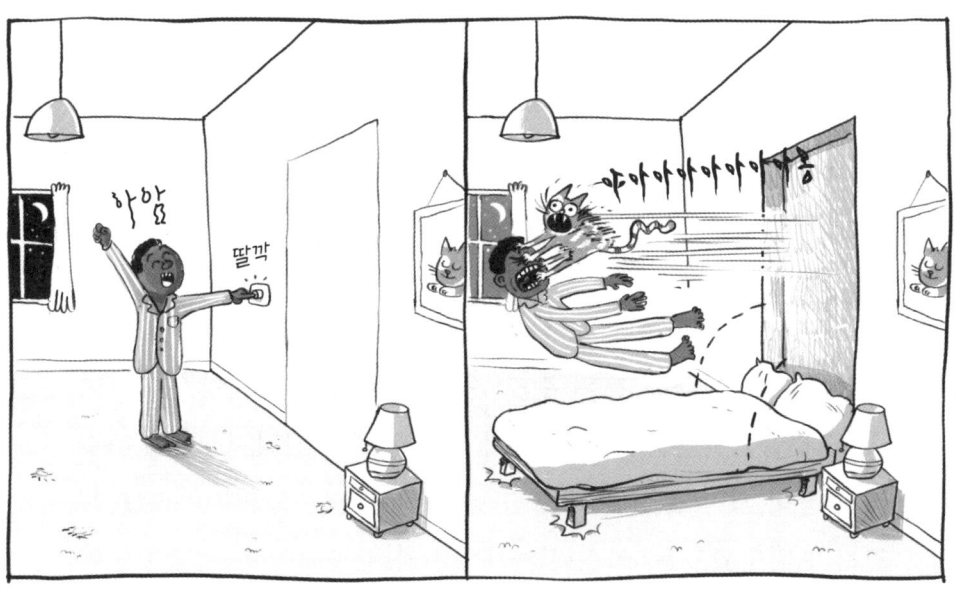

일어나! 일어나야지!

알람 시계를 좋아하는 사람은 아무도 없겠지? 그러니까 대체 누가 이딴 걸 발명했는지 알아보자. 그래야 새벽 2시에 집으로 쳐들어가 코앞에서 경적을 울리며 복수를 하지. 2000년 전 고대 그리스에 플라톤 Plato이라는 유명한 철학자가 있었어. 철학자는 하루 종일 여러 가지 생각을 하며 시간을 보내는 사람이야. 내가 보기엔 꽤 편한 직업인 것 같아. 플라톤은 하나의 컵에서 다른 컵으로 물방울이 떨어지게 하는 알람 시계를 발명했어. 아침이 돼서 물이 어느 정도 높이에 이르면 호루라기와 비슷한 소리를 내는 장치였지. 플라톤은 그 소리를 듣고 잠에서 깨서 다시 그날의 철학을 시작했어. 몇 년 뒤 플라톤은 플라스틱을 발명하기도 했지.

➤ **사실은? -** 플라톤은 플라스틱을 발명한 사람이 아니라 인류 역사에서 가장 유명한 작가이자 철학자 중의 한 사람입니다. ◄

오늘날 우리가 사용하는 것과 비슷한 알람 시계는 그로부터 한참 뒤인 1787년에 레비 허친스 Levi Hutchins라는 미국인이 발명했어. 레비는 시계를 수리하는 시계 수리공이었어. 그리고 자녀가 열 명이나 있었지. 솔직히 말하면 아이가 열 명이나 있는데 그중 아무도 아빠를 깨워 주지 않았다는 게 더 놀랍지 않니? 어쨌든 레비의 발명품에는 두 가지 작은 문제가 있었지. 첫째, 너무 커서 침대 옆 작은 탁자에 올려놓기가 곤란했어. 크기가 전자레인지와 비슷했거든. 아직 전자레인지가 발명되기 전이지만 만약

침실

발명되었다면 비슷한 크기였을 거야. 두 번째 문제는 새벽 4시에만 잠을 깨워 준다는 점이었지. 너무하지 않니?

그 후 원하는 시간을 맞출 수 있는 알람 시계가 발명되었지만 너무 비싸서 보통 사람은 선뜻 살 수 없었어. 그래서 영국에서는 겨우 50년 전까지만 해도 정해진 시간에 잠을 깨워주는 직업이 있었지. 돈을 내면 요청한 시간에 사람이 집 앞으로 찾아와서 기다란 막대로 침실 창문을 두드리거나 돌멩이를 던져 출근할 시간이라고 알려 주었어.

피핀은 매일 아침마다 내 얼굴을 핥아서 나를 깨우는데, 설마 월급을 기대하는 건 아니겠지?

침대에서 아침 식사를

침대에서 먹는 아침 식사보다 더 달콤한 것이 세상에 있을까? 가끔 내 로봇 도우미는 오렌지 주스와 커피를 섞거나 스크램블드 에그에 달걀 껍데기를 잔뜩 넣는 실수를 하지만 말이야. **사실은? - 실수가 아닙니다.**

　침대에서 아침 식사를 하고 싶어 하는 사람은 나뿐만이 아니었나 봐. 약 200년 전 영국에 살던 세라 거피Sarah Guppy라는 천

재도 나와 똑같은 생각을 했거든. 세라는 훌륭한 발명가였어. 선박에 붙은 조개껍질을 제거하는 방법과 멋진 다리를 건설하는 방법을 연구해서 엄청난 돈을 벌기도 했지. 세라의 다음 발명품은 바로…… 아침 식사를 만들어 주는 기계였어. 증기를 이용해 차를 끓이고 달걀을 요리하고 빵과 베이컨을 구워 따뜻한 접시에 담아 주는 놀라운 기계를 발명한 거야. 그 기계가 모든 침대에 설치돼 있다면 참 좋을 텐데.

이제 내 로봇 도우미에게 거짓말 탐지기를 켜 보라고 할게. 세라 거피에 관한 다음 사항 중에서 새빨간 조랑말 ⚡ 사실은? - 이런 표현은 없습니다. ⚡ 을 찾아보렴.

머리에도 새바람을

방금 목욕을 끝냈니? 머리를 말리고 싶다고? 그런데 실수로 1900년으로 시간 여행을 가 버렸다고? 안타깝지만 그렇다면 헤어드라이어는 쓸 수 없을 거야. 그 시대에 헤어드라이어는 장롱만큼 거대해서 미용실에서만 사용했거든. 시간을 조금 당겨 1920년대로 가 볼까? 그때는 이동식 헤어드라이어가 발명되긴 했지만 여전히 아주 무겁고 사용하기 어려웠어. 거기다가 화재나 감전 사고도 많이 일어났지. 그냥 수건으로 말리는 게 어떨까?

혹시 꼬불꼬불한 머리카락을 곧게 펴고 싶니? 아니면 곧은 머리카락을 꼬불꼬불 말고 싶니? 어느 쪽이든 먼저 마저리 조이너Marjorie Joyner에게 고맙다고 인사해. 마저리가 1928년에 만든 발명품은 오늘날 우리가 머리카락을 펴거나 구부릴 때 사용하는 기구의 시초가 되었거든. 그 덕분에 마저리는 미국에서 흑인 여성 최초로 특허를 받기도 했어. (특허란 누가 굉장한 것을 발견하거나 발명했을 때, 다른 사람이 그 아이디어를 훔쳐 가지 못하도록 그 사람의 업적으로 특별히 인정해 주는 제도야.) 이 분야에서 중요한 발전을 이끈 흑인 발명가가 또 한 명 있는데, 바로 개릿 모건Garrett Morgan이야. 개릿은 1905년에 우연히 머리카락을 곧게 펴는 약품을 발명했어. 재봉틀 바늘에 쓸 광택제를 연구하다가 우연히 그 약품이 묻은 손으로 자기 개를 쓰다듬었는데 곱슬거리던 개털이 곧게 펴졌지 뭐야. 그 순간 개릿은 그 약품으로 인간의 머리카락을 손질하면 좋겠다고 생각했지. 피핀이 털을 곧게 펴면 어떤 모습이 될지 궁금하네……. ➤ **사실은? - 제 이미지 생성 기능에 따르면 지금보다 훨씬 더 우스꽝스러운 모습이 될 겁니다.** ➤ 개릿은 계속해서 많은 것을 발명했어. 화재 현장에서 소방관들이 연기를 마시지 않도록 도와주는 방독면과 보다 안전한 신호등, 저절로 꺼져서 화재를 예방해 주는 담배도 발명했지. (내 변호사 나이절의 당부! 흡연은 건강에 아주 해롭다고 전해 달래. 너도 이미 알고 있겠지?)

지난 몇 년 동안 피핀의 털 스타일

옷이 날개

옷이 없다면 우리는 지금쯤 어디에 있을까? 슈퍼마켓에 갈 때마다 체포되어 경찰서에 가 있지 않을까? 날카로운 송곳니를 자랑하는 무시무시한 호랑이의 가죽을 걸치던 우리가 오늘날처럼 편리하고 멋진 옷을 입을 수 있게 된 건 누구 덕분일까? 바로 오늘날 우리가 자주 입는 옷 중 하나인 애덤의 레전드 레인코트(애덤 케이의 천재 주식회사에서 말도 안 되는 가격 4,262,990원에 판매 중!)를 만든 내 덕이지. ⚡ 사실은? - 이 옷은 아직 한 벌도 팔리지 않았습니다. ⚡

합성 염료

염료는 옷이나 신발에 색깔을 물들이는 물질을 말해. 약 1000년 동안 옷 만드는 사람들은 꽃을 으깨거나(아야!) 벌레를 으깨서(으악!) 카디건에 색을 넣었어. 이런 방법은 힘들기만 할 뿐 옷 전체를 골고루 물들이기 어려웠고 세탁할 때마다 물이 점점 빠져서 색깔이 흐릿해지기도 했지. 1856년의 어느 날, 윌리엄 퍼킨 William Perkin이라는 대학생이 말라리아라는 병의 치료제를 만들기 위해 실험을 하고 있었어. 윌리엄의 실험 점수는 형편없었지. 아무리 노력해도 자꾸 끈적끈적하고 이상한 검은색 물질만 나왔거든. 그런데 이 물질에 닿기만 하면 모든 게 예쁜 보라색으로 변했지 뭐야. 윌리엄은 이 예쁜 보라색에 '징글빙글'이라는

이름을 붙였어. ⚡ **사실은? - 윌리엄이 붙인 이름은 '모브mauve'입니다.** ⚡
윌리엄은 강변에 공장을 세우고 석탄에서 뽑아낸 물질로 여러 색의 염료를 만들었어. 그날그날 윌리엄이 만든 염료의 색깔에 따라 강물의 색도 초록색, 검은색, 분홍색, 보라색으로 변했지. 물고기들까지 염색되지는 않았기를!

찬물 끼얹기
5/10
너무 밋밋하잖아.

나는 윌리엄이 다닌 대학교에 다녔는데, 졸업식 때 윌리엄의 멋진 발명을 기념하기 위해 특별히 징글빙글색의 가운을 입고 사진을 찍었어. ⚡ **사실은? - 이건 사실이지만 주인님의 성적은 아주 형편없……** ⚡ 이제 다음으로 넘어가 보자.

벨크로(일명 '찍찍이')

피핀을 산책시키고 나면 꼭 목욕을 시켜 줘야 해. 진흙과 여우 똥, 풀 같은 게 털에 잔뜩 붙어 있거든. 그걸 떼어 낼 때마다 이런 생각이 들지. '차라리 금붕어를 기를걸.' 또 이런 생각이 들기도 해. '왜 로봇 도우미는 피핀을 목욕시키지 않을까?' ➤ 사실은? - 더러우니까요. ➤ 1941년 게오르그 드 메스트랄 George de Mestral 이라는 사람은 반려견 밀카의 털에 붙은 따가운 꽃 머리를 떼어 내다가 이런 생각이 들었어. '아! 이 방법을 옷에 사용해도 좋겠는걸!' 옷감의 한쪽에 (꽃 머리와 비슷한) 조그만 갈고리들을 붙이고 다른 쪽에는 (개털과 비슷한) 조그만 털을 붙이면 두 옷감이 서로 붙을 테니까.

게오르그는 털이 달린 직물을 뜻하는 영어 '벨루어(velour)'와 갈고리를 뜻하는 프랑스어 '크로셰(crochet)'의 앞글자를 따

좋은 생각이 떠올랐어.

서 '벨크로Velcro'라는 이름을 붙였어. 한쪽은 꺼끌꺼끌하고 다른 한쪽은 북슬북슬해서 서로 잘 붙는 벨크로는 큰 인기를 끌었고, 스키복에서부터 우주복까지 온갖 의복에 쓰이게 되었지! 나도 어릴 때는 벨크로가 달린 신발을 많이 신었어. 아홉 살이 돼서야 운동화 끈을 묶을 수 있었거든. 사실은? - 23살이 돼서야 묶었잖아요.

방탄조끼

수천 년 동안 군인들은 적의 뾰족한 무기로부터 몸을 보호하기 위해 갑옷 같은 특수한 옷을 입었어. 그런데 갑옷은 두껍고 무거운 금속으로 만들었

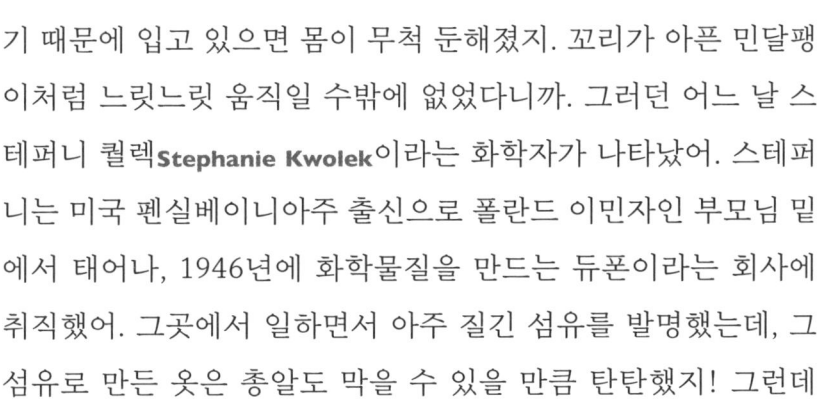

기 때문에 입고 있으면 몸이 무척 둔해졌지. 꼬리가 아픈 민달팽이처럼 느릿느릿 움직일 수밖에 없었다니까. 그러던 어느 날 스테퍼니 퀄렉Stephanie Kwolek이라는 화학자가 나타났어. 스테퍼니는 미국 펜실베이니아주 출신으로 폴란드 이민자인 부모님 밑에서 태어나, 1946년에 화학물질을 만드는 듀폰이라는 회사에 취직했어. 그곳에서 일하면서 아주 질긴 섬유를 발명했는데, 그 섬유로 만든 옷은 총알도 막을 수 있을 만큼 탄탄했지! 그런데

섬유의 이름이 별로였어. 그 섬유의 이름은 '폴리 어재너딜-1,4-페닐린어재너딜테러프살로일'이야.

듀폰사는 이 긴 이름을 '케블라Kevlar'로 바꿨어. 스테퍼니의 삼촌인 케빈 블라블라의 이름에서 따왔지. ⚡ 사실은? - 케블라가 더 좋은 이름이라서 바꾼 거고 스테퍼니 퀼렉의 삼촌 이름은 알려지지 않았습니다. ⚡ 케블라가 사용되는 제품으로는 군복뿐 아니라 (우선 심호흡 좀 할게.) 자동차 타이어, 오토바이용 보호 장비, 테니스 라켓, 요트 돛, 북면, 휴대폰, 바이올린 줄, 하키 스틱…… 그 밖에도 200여 가지가 있어. 하지만 스테퍼니는 만족하지 않았어. 계속해서 비행기 조종사나 소방관의 옷에 사용하기 좋은, 불이 붙지 않는 섬유 노멕스Nomex와 신축성이 좋아서 사이클 선수나 스파이더맨의 옷에 사용되는 라이크라Lycra를 발견하는 데도 큰 역할을 했단다.

지퍼

지퍼가 처음 판매된 건 1905년이야. 지퍼를 만든 휘트컴 저드슨 Whitcomb Judson이라는 사람은 이 물건에 '안전 잠금쇠' C-Curity Clasp Locker라는 이름을 붙였어. 오늘날 전 세계에서 사용되는 지퍼의 절반은 YKK라는 회사가 만들어. 주변에서 지퍼를 찾아보면 YKK라는 이름이 찍혀 있을 거야. 이 회사에서 1년 동안 만들어내는 지퍼를 전부 이으면 지구를 150번쯤 감을 수 있지. 하지만 진짜 해 보지는 말 것! 그랬다가는 사람들의 바지가 줄줄 흘러내릴 테니까.

> 찬물끼얹기
> **4/10**
> 좀 길긴 하지만
> '폴리 어재너딜-1,4-
> 페닐린어재너딜테러
> 프살로일'보다는 낫네.

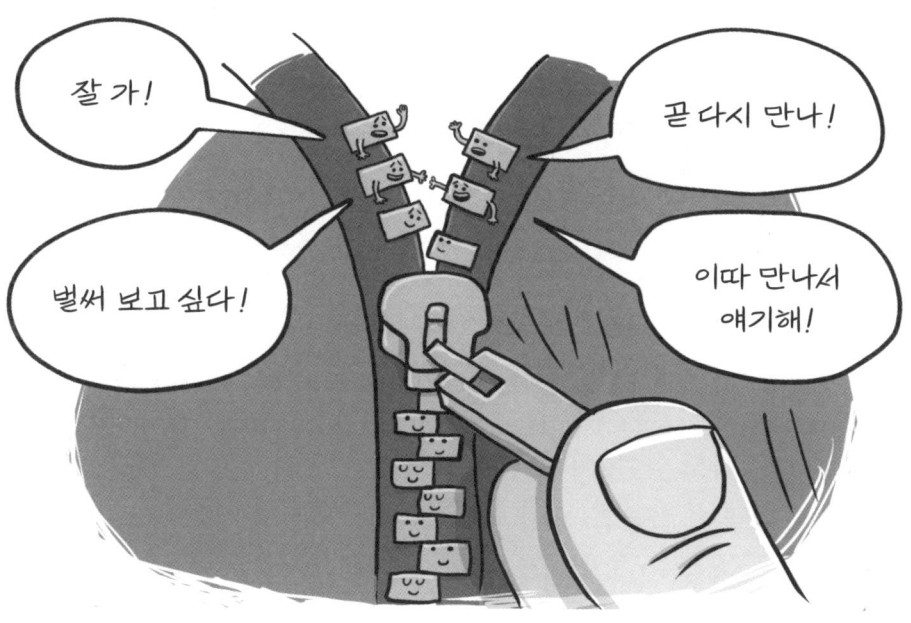

참일까 똥일까?

우리가 쓰는 매트리스는 시간이 갈수록 가벼워진다.

<u>똥</u> 네 매트리스는 시간이 갈수록 오히려 점점 더 무거워져서 10년 뒤에는 무게가 두 배에 달할 거야. 왜 그런지 알고 싶니? 마음 단단히 먹어. 토할 수도 있으니까……. 어차피 나는 알려 줄 생각이지만. 네 매트리스 안에는 죽은 피부 세포와 땀이 잔뜩 있고 집먼지진드기도 1000만 마리쯤 모여 살거든. 집먼지진드기는 인간 피부에서 나온 시리얼을 무척 좋아하고 여덟 개의 다리로 기어다니는 아주 작은 벌레란다. 좋은 꿈 꿔!

과거에는 아기 침대 위에 칼을 걸면 행운이 온다고 믿었다.

<u>참</u> 그래, 나도 알아. 아기 침대 위에 칼을 걸어 놓으면 아기에게 지독한 불운이 찾아올 것 같잖아. 그런데 몇백 년 전 사람들은 아기 침대 위에 칼이나 가위를 매달아 두면 악령을 쫓아낼 수 있다고 믿었어.

침대 이부자리를 가장 빨리 정리한 기록은 42초다.

똥 42초씩이나?! 1993년 영국 런던의 간호사였던 샤론 스트링어와 미셸 벤켈 같은 침대 정리의 달인들에게는 어이없는 얘기지. 두 사람은 침대 시트 세 장과 이불 두 개, 베개 하나가 있는 침대를 **14초** 만에 정리했거든. 그러니까 어른들이 침대 정리 좀 하라고 할 때 시간 없다는 핑계는 대지 말도록.

케이에게 물어봐

왜 청바지를 '데님'이라고 부를까?

청바지는 프랑스의 '님'이라는 지역에서 처음 만들었어. 님은 'Nimes'이라고 쓰는데, 'i' 위에 작은 모자를 씌워야 하거든. 컴퓨터로 그걸 어떻게 하는지 도통 모르겠네. Nimes. 이게 아닌데. 다시 해 볼게. Nimes. 이런. Nímes. 이것도 아니잖아. Nĩmes. 또 아니야. NÏmes. 으악! 어쨌든 '데님denim'은 프랑스어로 '님에서 왔다'는 뜻의 'de Nimes'을 줄인 말이야. ⚡ 사실은? - 님은 'Nîmes'입니다. ⚡

최초의 베개는 무엇으로 만들었을까?

부드러운 풀이나 질척한 매머드 똥으로 만들었을 것 같지 않니? 그래야 푹신할 테니까. 베개를 처음 사용한 나라는 고대 중국이었어. 그곳에서는 도자기나 황동처럼 딱딱한 재료로 베개를 만들었지. 뒤통수는 아팠겠지만, 밤에는 시원했을 거야.

옷으로 어떻게 목숨을 구할 수 있을까?

산 위에서는 두꺼운 옷으로 동상을 예방할 수 있지. 롤러스케이트를 탈 때 긴 바지를 입으면 넘어져도 크게 다치지 않을 테고. 아, 낙하산도 옷이라고 할 수 있다면 비행기에서 뛰어내릴 때 큰 도움이 될 거야. ⚡ **사실은? - 스마트 섬유 얘기를 빼먹었습니다.** ⚡ 지금 하려고 했거든? ⚡ **사실은? - 제 거짓말 탐지기는 아니라고 하는데요.** ⚡ 스마트 섬유는(이것 봐! 하려고 했다니까!) 숙제를 대신 해 주는 옷이 아니라 입은 사람의 건강 상태를 감지하는 옷이야. 예를 들어, 심장 박동이 불규칙한 것을 감지하는 티셔츠도 있고 아기가 제대로 숨을 쉬는지 점검하는 양말도 있어. 엉덩이가 떨어져 나가면 그것을 감지하는 바지도 있지. ⚡ **사실은? - 그런 바지는 없습니다.** ⚡ 그렇구나. 몇 년 후 자아그의 문어 인간들이 지구를 점령할 때쯤이면 옷으로 병을 치료할 수도 있게 될 거야. 문어 촉수 때문에 생긴 부상도 치료할 수 있다면 좋겠다.

닥터 K 역대급 발명왕

어쩌다 발명

사고는 주로 나쁜 일을 뜻하잖아. 이를테면 나는 내 로봇 도우미가 부엌 바닥에 기름을 잔뜩 흘리는 사고를 치는 바람에 미끄러져서 넘어진 적이 있어. 그때 식기세척기에 머리를 세게 찧었지. ➤ 사실은? - 그건 사고가 아니었습니다. ➤ 하지만 발명을 하려면 새로운 일을 시도해야 하고, 그러다 보면 가끔 사고로부터 놀라운 무언가를 발견하기도 해. 참고로 나는 조리법을 잘못 보고 수프에 마시멜로를 넣었다가 마시멜로 수프가 엄청나게 맛있다는 사실을 발견했거든.

전자레인지

1940년대에 퍼시 스펜서 Percy Spencer라는 미국 과학자는 물속에 있는 잠수함을 감지하는 새로운 종류의 레이더를 연구하고 있었어. 그러다 점심으로 먹으려고 주머니에 넣어 둔 초콜릿 바가 녹아 버렸다는 사실을 깨달았지. 퍼시는 초콜릿 바를 못 먹게 돼서 몹시 속상했지만 그 덕분에 우연히 전자레인지를 발명하게 되었어.

플레이도 점토

1956년 조 맥비커Joe McVicker라는 사람은 자신이 운영하는 회사 때문에 걱정이 이만저만이 아니었어. 조의 회사는 벽지에 묻은 석탄 얼룩을 지우는 점토를 생산하고 있었는데 아무도 그것을 사지 않았거든. 벽지에 석탄을 묻히는 사람이 한 사람도 없었던 모양이야. 조의 부인에게는 케이라는 여동생이 있었어. (참 멋진 이름이야!) 학교 선생님이었던 케이는 조에게 아이들이 그 점토를 좋아할 거라고 일러 주었어. 그리고 '플레이도'라는 이름도 붙여 줬지. 케이의 생각이 옳았어. 지금까지 플레이도는 30억 캔이나 팔렸거든. 이런 좋은 아이디어를 내 준 케이에게 조가 커다란 선물을 해 주었다면 좋겠다.

접착 메모지

메모: 접착 메모지를 발명할 것

스펜서 실버Spencer Silver 박사는 세상에서 가장 강력한 접착제를 발명하고 싶었어. 한 방울만으로 자동차를 벽에 붙일 수 있는 그런 접착제 말이야. 그런데 안타깝게도 완전히 실패하고 말았지. 그가 만든 접착제는 너무 약해서 종이를 붙이면 지치고 기운 없는 개미도 떼어 낼 수 있을 정도였어. 그런데 스펜서의 동료가 접착력이 약한 종이는 붙였다 뗐다 하는 메모지에 사용하면 좋겠다는 아이디어를 냈지. 지금은 한 회사에서만 해마다 500억 장이 넘는 접착 메모지가 생산되고 있어. 전 세계 사람이 한 명당 여섯 장씩 쓰고 있는 셈이야.

엑스박스 다이아몬드 에디션

버블랩

택배로 깜짝 선물을 받는 것도 좋지만 그보다 더 반가운 건 그 선물을 감싼 버블랩, 일명 뽁뽁이가 아닐까? 뽁 뽁 뽁 뽁 뽁. 뽁 뽁 뽁 뽁 뽁 뽁 뽁 뽁 뽁. 뽁 뽁. 아, 아쉽다……. 다 터트려 버렸잖아. 앗, 아직 하나가 남았네. 뽁. 뽁뽁이는 1957년 앨프리드 필딩 Alfred Fielding과 마크 샤반 Marc Chavannes이 만든 괴상한 입체 벽지였어. 당연히 아무도 사지 않았지만 이젠 무엇이든지 뽁뽁이에 싸서 배송되고 있지! 뽁 뽁 뽁.

초콜릿 칩 쿠키

매일 먹는 음식에 재료 하나만 바꿨을 뿐인데 최고의 음식이 탄생할 때도 있어. 나는 블루베리 머핀을 만들려다가 집에 블루베리가 없어서 대신 올리브를 넣은 적이 있지. 정말 엄청나게 맛있었다고! ⚡ 사실은? - 그때 온 가족이 탈이 나서 3주 동안 고생했습니다. ⚡
1930년대에 루스 웨이크필드Ruth Wakefield라는 여성은 초콜릿 쿠키를 만들려다가 집에 초콜릿 파우더가 없어서 넓적한 판 모양의 초콜릿을 사용했어. 루스는 초콜릿이 쿠키 안에서 녹을 거라고 생각했지만 덩어리로 남아 있었지 뭐야. 그렇게 해서 최초의 초콜릿 칩 쿠키가 탄생했지. 이 쿠키는 굉장한 인기를 끌었고 초콜릿 회사는 루스에게 고마움을 표하기 위해 평생 먹을 초콜릿을 보내주었어! 나에게도 평생 먹을 올리브가 올 거 같아서 아직 기다리는 중이야.

애덤 케이 천제 주식회사

애덤의 치명적으로 맛있는 치약 초콜릿 바

야식은 누구나 좋아하죠! 하지만 야식을 먹고 이를 닦는 건 너무 귀찮지 않나요? 이럴 때 필요한 게 바로 박하 맛 치약을 듬뿍 넣은 초콜릿 바죠. 먹는 동안 저절로 양치질이 되니까요! 맛도 훌륭하답니다!*

말도 안 되는 가격! 99,000원(반 개)

*매우 떫고 거친 맛 때문에 불쾌할 수도 있으니 유의하세요.

주방
(THE KITCHEN)

잠깐 부엌에 가서 뭐가 있는지 살펴봐야겠다. 흠, 냉장고가 있군. 토스터도 있고. 식기세척기도 있고, 식탁 위에 서서 내 맛있는 피자를 먹고 있는 강아지도 있…… 피핀! 그나저나 부엌에 있는 저 쓰레기통을 발명한 천재는 누구일까? 오븐을 생각해 낸 브레인은? 궁금하지 않니? 그렇다면 지금부터 함께 알아보자. 싫으면 그냥 샌드위치나 만들어 먹으렴.

열 받지 않도록

우리 인간은 신선한 음식이라도 오래 놓아두면 상해서 먹을 수 없게 된다는 걸 수천 년 전부터 알고 있었어. 나나 앨프리드 아인슈타인처럼 굉장한 천재가 아니라도 ⚡ 사실은? - 앨프리드 아인슈타인이 아니라 알베르트 아인슈타인입니다. 주인님은 굉장한 천재라고 할 수 없겠네요. ⚡ 음식을 차갑게 보관해야 훨씬 더 오래 두고 먹을 수 있다는 사실은 누구나 알잖아.

커다란 마당을 가진 부자들은 얼음 저장고를 짓기도 했어. 지하에 저장고를 만들고 얼음을 가득 채워 놓으면 고등어가 상하거나 도넛에 곰팡이가 피는 것을 막을 수 있었지. 하지만 이렇게 큰 집을 갖지 못한 사람도 많았어. 그래서 1802년 토머스 무어 **Thomas Moore**라는 목수가 집 안에서 쓸 수 있는 얼음 저장고를 만들었지. 아래쪽 절반에는 음식을 넣고 선반이 달린 위쪽 절반에는 커다란 얼음덩어리를 넣을 수 있는 나무 수납장이었어. 얼음이 금세 녹아서 매일 얼음을 배달시켜야 했지만, 마가린에 구더기가 생기는 걸 막을 수 있다면 그 정도 수고는 별것 아니잖아.

100여 년 전 발명가 몇 명이 식품을 서늘하게 보관하는 영리한 방법을 생각해 냈어. 그들은 액체가 허공으로 증발할 때 주변 온도가 내려간다는 사실을 발견했거든. 욕조에 들어갔다 나오니

금세 추워진 경험이 있지 않니? 몸에 묻은 물이 증발하면서 피부의 열을 빼앗아 온도가 내려가기 때문이야. 과학자들은 증발하는 성질이 있는 여러 액체를 사용해 냉장고를 만드는 실험을 했어. 암모니아는 독성이 있고, 수소는 쉽게 폭발하고, 황산은 만지면 손이 녹고…… 그러다가 마침내 독성도 없고 폭발하지도 않으면서 손을 녹여 버리지도 않는 냉장고를 발명했지. 여기에는 프레온-12 **Freon-12**라는 가스가 사용되었어. 그런데 훗날 이 가스가 지구 온난화의 주범이라는 사실이 밝혀졌지 뭐야? 그래서 이제는 빙하를 녹이는 프레온-12 대신에 다른 가스를 쓰고 있어.

요즘에는 초콜릿이나 생크림 같은 우리 삶에 꼭 필요한 식재료가 떨어지면 알아서 온라인으로 주문해 주는 똑똑한 냉장고도 등장했어. 다행히 우리 집에는 이런 걸 대신 점검해 주는 로봇 도우미가 있지. ➤ **사실은? - 귀찮아서 이번 달에는 건너뛰었습니다. 봐서 다음 달에 할게요.** ➤

오로지 오븐

오븐이 발명되기 전에는 어떻게 살았을까? 그야 당연히 음식을 배달시켜 먹었겠지. ⚡ **사실은? - 음식 배달은 고대 로마에서 시작되었지만 많은 사람이 배달 서비스를 이용할 수 있게 된 것은 1950년대입니다.** ⚡ 그러니까 내 말이 맞다는 거지? ⚡ **사실은? - 아니라니까요.** ⚡ 우리 인간은 동굴에 살던 시절에도 바다코끼리를 날로 먹으면 맛이 별로라는 사실을 깨닫고 음식을 익혀 먹기 시작했어. 처음에는 재료를 몽땅 불에 넣고 익을 때까지 기다렸지. 그러던 어느 날 어떤 동굴 요리사가 수프를 만들면 어떨까, 하는 생각을 떠올렸어. 그런데 재료를 무작정 불에 넣으면 수프를 만들 수가 없잖아? 그래서 솥에 재료를 넣고 그 솥을 불 위에 걸었지. 얼마 후 수프와 함께 먹을 빵을 만들기 위해 사람들은 불 위에 벽돌로 지붕을 만들었어. 그렇게 해서 화덕, 즉 오븐이 탄생한 거야.

　나무를 태워 불을 피우면 연기가 많이 나는 게 문제야. 집에서 매일 바비큐 파티를 열면 좋을 것 같지만 연기 때문에 폐 건강을 해치기 쉽고 치즈 스틱을 굽는 동안 앞도 잘 보이지 않거든. ⚡사실은? - 치즈 스틱은 1976년에 처음 판매되었습니다. ⚡ 그래서 200년 전에 최초의 가스 오븐이 만들어졌어. 처음에는 모두 가스로 요리하는 것을 낯설어 했지만 알렉시 브누아 소이어Alexis Benoit Soyer라는 그 시대의 유명한 요리사가 상황을 해결해 주었어. 앗, 이런. 도우미트론, Benoit의 i 위에 모자 좀 씌워 줄래? ⚡사실은? - Alexis Benoît Soyer. 고맙다는 말은 괜찮아요. ⚡
　알렉시는 슈퍼히어로처럼 망토와 커다란 빨강 모자를 쓰고 다녔지만 인기가 무척 많았거든. 알렉시가 부엌에서 가스로 요리할 거라고 하자 갑자기 오븐을 갖고 있던 사람들이 너도나도 가스를 쓰겠다고 했지 뭐야?

1892년 토머스 어헌Thomas ahearn이라는 캐나다의 발명가가 전기로 빵 굽는 법을 발명한 덕분에 오늘날에는 전기 오븐을 많이 사용하고 있어. 토머스는 난방이 되는 자동차 의자도 발명하기도 했지. 그러고 보니 '빵덩이'와 '엉덩이'를 굽는 방법을 모두 발견했네.

지독한 건조

흑인 발명가 조지 샘슨George Sampson은 페달로 움직이는 썰매를 발명했어. 그런데 어째서인지 그 썰매로 조지가 부자가 되

주방

거나 유명해지진 않았어. 다행히 1892년 조지는 '**의류 건조기 Clothes Dryer**'라는 훨씬 더 쓸모 있는 기계를 발명했지. 금속 원통과 오븐의 열기로 바지와 양말, 티셔츠 등을 말려 주는 기계였어. 한 가지 문제가 있다면 오븐으로 우리 프루넬라 고모할머니의 (역겹기로) 유명한 양배추와 대구 수프 같은 요리를 하면서 옷을 말리면 좀 지독한 냄새가 밴다는 거였지.

찬물 끼얹기
3/10
너무 평범하잖아.

오늘날 우리가 쓰는 회전식 건조기는 1938년 J. 로스 무어 J.Ross Moore라는 사람이 발명했어. 로스는 '준 데이'June Day라는 이름을 붙였는데, 옆집에 사는 이웃 준 데이 아주머니의 이름을 딴 거야. ⚡ 사실은? - 6월의 햇살 아래 빨래를 널었을 때처럼 옷을 바싹 말려 주는 건조기라는 뜻입니다. ⚡

찬물 끼얹기
4/10
건조기 이름으로는 좀 이상하잖아.

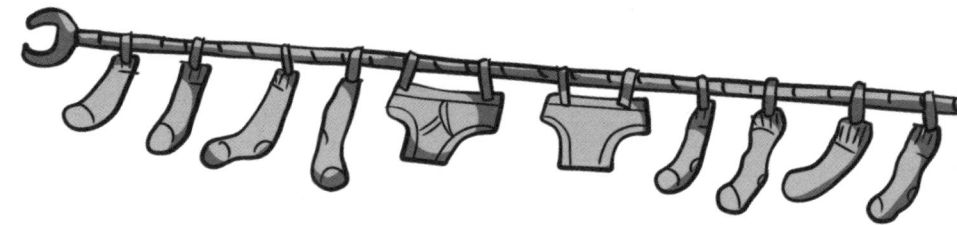

접시는 세탁기에?

1885년 조지핀 코크란Josephine Cochrane이라는 여성은 찬장을 열 때마다 화가 치밀었어. 저녁 식사에 친구들을 초대해 맛있는 음식을 대접하고 싶었는데, 집안의 가사 도우미들 때문에 접시들이 전부 이가 나가거나 깨져 있었거든. 그래서 어떻게 했을까? 자기가 직접 설거지를 했을까? 아니야. 가사 도우미들을 전부 내

쫓았을까? 그것도 아니야. 조지핀은 접시 닦는 기계를 발명하기로 마음먹고 8년 동안 창고에 틀어박혀서 세계 최초의 식기세척기를 만들었어. 그래도 식사 시간에나 오줌이 마려울 때는 잠깐씩 밖에 나왔을 거야.

조지핀이 만든 식기세척기는 수동이었지만 성능이 꽤 좋았어. 그런데 이름을 식기세척기dishwasher가 아니라 세탁기washing machine라고 짓는 바람에 조금 헷갈렸지. (내 변호사 나이절의 당부! 컵과 접시는 절대 세탁기에 넣으면 안 된다고 전해 달래.)

진공청소기의 진실

100년쯤 전 영국의 허버트 세실 부스 **Hubert Cecil Booth**는 새로 나온 청소기를 구경하고 있었어. 이 청소기는 스위치를 켜면 바람이 나와서 카펫과 가구의 먼지를 날려 주는 기계였지. 허버트는 바보 같은 기계라고 생각했어. 카펫과 가구의 먼지를 날리면 그게 다 어디로 가겠니? 결국 집 안의 다른 곳으로 가는 거잖아. 허버트는 먼지를 날리는 대신 빨아들이는 기계를 만들기로 결심했어. 1901년에 마침내 세계 최초의 진공청소기를 발명했지. 퍼핑 빌리 **Puffing Billy**라는 멋진 이름도 붙였고 말이야.

찬물끼얹기 **10/10** 훌륭한 이름이긴 해.

그런데 퍼핑 빌리는 엄청나게 커서 창고에 넣고 쓸 수가 없었어. 석유로 작동되었고 버스만큼 커서 어딘가로 옮길 때는 말 여러 마리가 끌어야 했지. 만약 이 진공청소기로 집을

청소하고 싶으면 집 앞의 도로를 막고 기술자 여러 명이 와서 파이프와 호스, 노즐을 창문과 문을 통해 안으로 넣어야 했다니까? 이 청소기의 몸체에는 내부가 보이는 창문이 있었어. 허버트 세실은 더 많은 사람이 청소기를 사용하게 하려고 집에서 더러운 먼지가 얼마나 잔뜩 나오는지 이 창문으로 보여주었지. (나 같으면 청소를 맡길 때 내부가 보이지 않게 커튼을 달아 달라고 부탁했을 거야.) 곧 퍼핑 빌리는 전국을 돌아다니면서 런던의 버킹엄 궁전과 웨스트민스터 궁전, 수정궁전(지금은 불타서 없어졌어.)까지 청소하기 시작했어. 그러고 보니 주로 궁전 청소를 맡았네.

너도 이미 알지 모르겠지만 오늘날의 진공청소기는 퍼핑 빌리보다 조금 더 작아. 이건 제임스 스팽글러James Spangler라는 사람 덕분이야. 1907년, 제임스 스팽글러는 백화점 청소를 맡아서 하루 종일 먼지 가득한 카펫을 빗자루로 쓸었어. 하지만 시간

이 오래 걸렸을 뿐 아니라, 먼지 때문에 천식이 악화되어 기침과 호흡 곤란으로 더는 일할 수 없는 지경에 이르렀지. 그래서 제임스는 천정에 달린 팬과 빗자루, 벨트, 오래된 나무 상자, 베갯잇을 이리저리 엮어서 세계 최초로 손에 들 수 있는 진공청소기를 발명했어. **'대박! 내가 세계 최초의 이동식 진공청소기를 발명했어!'** 라고 감탄할 새도 없이 말이야. 제임스는 사촌인 윌리엄 후버 William Hoover와 함께 회사를 차리기로 했어. 어디서 많이 들어본 이름이라고? 맞아. 이렇게 해서 세계적으로 유명한 진공청소기 회사 스팽글이 탄생한 거야. ⚡ **사실은? - 스팽글이 아니라 후버**Hoover**입니다.** ⚡ 제임스 스팽글러는 8년 동안 열심히 발명을 하다가 난생처음 휴가를 가려고 플로리다 여행을 예약했어. 안타깝게도 플로리다에서 가장 유명한 디즈니월드는 아직 만들어지기 전이었지. 더 슬픈 일은 제임스가 여행을 떠나기 전날 밤에 세상을 떠났다는 거야. 그래도 그의 회사는 계속해서 그의 발명품인 진공청소기를 판매했어. 그 덕분에 오늘날 영국 사람들은 진공청소기를 스팽글이라고 부르게 되었지. ⚡ **사실은? - 후버입니다. 뇌 이식수술을 받는 게 좋겠습니다.** ⚡

사람들은 그 후로 오랫동안 제임스 스팽글러가 발명한 진공청소기를 사용했어. 그러다가 제임스 다이슨James Dyson이라는 사람이 먼지 때문에 자꾸 막히는 청소기에 화가 나서 완전히 새로운 청소기를 발명했어. 봉투를 넣을 필요가 없고 공기를 아

주방

주 빨리 회전시키는 이 청소기는 이제 영국에서 가장 잘 팔리는 진공청소기가 되었지. 제임스 다이슨이 만든 이 청소기 회사 이름은…… 제임스야. ⚡ **사실은? - 다음 주 목요일에 뇌 이식수술을 예약했습니다.** ⚡ 알았어. 그의 회사 이름은 다이슨Dyson이야. 우리 집에는 룸바라는 작은 로봇 청소기가 있는데 자동으로 집 안을 돌아다니면서 곳곳의 먼지를 빨아들여 얼마나 편리한지 몰라. 그런데 한번은 피핀이 부엌에 똥을 누었을 때 룸바가 집 안 곳곳에 똥을 펴 발라 놓았지 뭐야? 혹시 룸바를 만드는 회사에서 일하는 분이 이 책을 읽는다면 다음 모델에는 똥 탐지기를 설치해 주세요. ⚡ **사실은? - 이 책을 읽는 사람은 딱 한 명, 프루넬라 고모할머니뿐입니다. 주인님이 그 분에게 돈을 주고 책을 읽어 달라고 부탁했으니까요.** ⚡

제임스 스팽글러만큼 성공하지 못한 동생 키스 스팽글러의 이야기

쓰레기를 부탁해

쓰레기통이 발명된 건 꽤 최근이야. 그전까지 사람들은 쓰레기를 마당에서 태우거나 창밖으로 던져 버렸지. 당시 프랑스 파리의 시장은 외젠 푸벨Eugène Poubelle이라는 사람이었어. 그때까지만 해도 그의 이름은 전혀 재미있지 않았지.

파리의 거리마다 쓰레기가 나뒹굴자 외젠은 화가 잔뜩 났어. 그는 1883년에 집집마다 대문 앞에 쓰레기통을 세 개씩 설치하라고 명령했지. 하나는 음식물 쓰레기통, 또 하나는 종이와 천 쓰레기통, 나머지 하나는 유리와 굴 껍데기 쓰레기통이었어. 그러니까 외젠 푸벨은 재활용 쓰레기통을 발명한 거야! 그런데 굴 껍데기 쓰레기통이 따로 있던 것을 보면 그 시대에는 굴을 많이 먹었나 봐. 그런 걸 왜 먹는지 모르겠다니까? 굴은 코뿔소 콧물 맛이 나잖아. ◢ 사실은? - 코뿔소 콧물 맛을 알다니 걱정스럽네요. ◢ 나는 여름 방학 때 동물원에서 일한 적이 있거든? 어쨌든 외젠 푸벨의 아이디어는 큰 인기를 끌었어. 그 덕분에 파리에서는 '푸벨'이라는 이름이 쓰레기통을 뜻하는 말이 되었지. 오늘날 '케이'가 굉장한 책을 뜻하는 말이 된 것처럼. ◢ 사실은? - 전혀 사실이 아닙니다. ◢ 외젠 덕분에 파리의 거리는 깨끗해졌지만 후손들은 안타깝게 됐지. '쓰레기통'이라는 뜻의 성을 이어받아야 하잖아.

릴리언 길브레스Lillian Gilbreth라는 공학 교수는 부엌에서 쓰레기통 뚜껑을 만지는 일이 아주 비위생적이라고 생각했어. 혀로 변기를 핥는 것만큼이나 말이야. 어쨌든 부엌은 음식을 하는 곳이잖아? 음식을 하던 손으로 쓰레기통을 만지고 다시 음식을 하는 건 아무래도 위생적이라고 할 순 없지. 그래서 1920년대에 발로 페달을 밟아 뚜껑을 여는 쓰레기통을 발명했어. 페달 달린 쓰레기통을 쓸 때마다 릴리언에게 감사하도록.

이제 내 로봇 도우미에게 거짓말 탐지기를 켜 보라고 할게. 릴리언 길브레스에 관한 다음 사항 중에서 새빨간 거짓말을 찾아보렴. ⚡ 사실은? - 이런 표현도 없습니다. ⚡

로봇 도우미의
거짓말 탐지기

1. 릴리언의 얼굴은 미국 동전에 들어가기도 했다.
2. 릴리언은 자녀가 열두 명이며, 남편이 세상을 떠난 뒤 모두 혼자 키웠다.
3. 냉장고에 달걀을 넣는 칸과 다른 칸을 따로 만드는 아이디어를 냈다.
4. 주방 기구들을 장애인도 편리하게 사용할 수 있도록 개조했다.
5. 미국 대통령 여섯 명의 고문관을 맡았다. (고문관은 조언을 해 주는 사람입니다.)

정답은 1. 릴리언 길브레스의 얼굴은 미국 동전에 들어간 적이 아직 한 번도 없었습니다.

통조림의 몸부림

통조림 캔은 음식을 신선하게 보관하기 위해 1810년에 발명되었어. 그전까지 배 타는 선원들은 고기와 채소를 먹기가 어려웠어. 이유는 금방 상하기 때문이었지. 아니, 선원들이 상하는 게 아니라 고기와 채소가 상했다고. 그러다가 피터 듀랜드Peter Durand라는 영국인이 음식을 깡통에 넣어 보관하는 기발한 아이디어를 생각해 냈어. 깡통에 음식을 넣고 끓인 뒤 뚜껑을 단단하게 덮으면 오래 보관할 수 있었거든. 만세! 이제 모두가 통조림 당근을 먹을 수 있게 된 거야! 그런데 한 가지 아주 작은 문제가 있었어. 통조림에 담긴 맛있는 당근이나 맛없는 버섯을 먹으려면 칼이나 돌멩이 따위로 뚜껑을 세게 후려쳐야 했지. 해결책이 발명되기까지는 무려 60년이 걸렸어.

해결책을 찾아낸 사람은 윌리엄 라이먼**William Lyman**이라는 미국 발명가야. 윌리엄은 오늘날 우리가 쓰는 것과 비슷한 캔 따개를 만들어 특허를 받았지. 작고 동그란 칼날이 달려서 통조림 윗면을 돌려 가며 딸 수 있는 이 기구는 아주 획기적인 발명품이었어. 뭐, 손가락이 하나쯤 잘려도 상관없다면 말이야. 다행히 그 뒤로 다른 사람들이 훨씬 더 안전한 캔 따개를 만들었고, 그중 하나는…… 릴리언 길브레스가 만든 전동 캔 따개였어. 릴리언이 발명하지 않은 게 대체 뭐가 있을까? ⚡ **사실은? - 오토바이, 바구니, 감자, 침대 옆 탁자 ……** ⚡ 알았어. 그만.

토스터의 출몰

나는 세계 최고의 요리사는 아니야. 솔직히 말하면 시리얼을 태운 적도 있거든. ⚡ **사실은? - 사실입니다.** ⚡ 하지만 그런 나조차도 토스트를 만드는 법은 잘 알고 있지. 얇게 썬 식빵 한 장을 꺼내 토스터에 넣고 구우면 끝이잖아. 인간은 수천 년 전에 이 방법을 알아냈어. 아마 2000여 년 전에 클레오파트라도 크리스피 도넛을 먹었을걸. 수백 년 전의 인물인 갈릴레오도 갈릭 브레드를 먹었을 테고. 단, 옛날에는 토스터가 없었기 때문에 빵을 꼬챙이에 끼워서 모닥불 위에 들고 있었을 거야. 다행히 토스트로 만든 긴 포크가 있어서 거기에 빵을 끼울 수 있었지. ⚡ **사실은? - 토스트용 포크는 금속으로 만들었습니다.** ⚡

주방

집집마다 토스터가 생겨나기 시작한 건 1909년의 일이야. 물론, 토스터가 유령처럼 부엌에 나타난 건 아니야. 사람들이 토스터를 살 수 있게 되었다는 뜻이지.

토머스 에디슨이 세운 회사 제너럴 일렉트릭General Electric 은 D-12라는 토스터를 만들어 큰 인기를 끌었어. D-12는 아름다운 꽃무늬가 찍힌 흰색 세라믹 판 위에 무시무시한 금속 막대들이 박혀 있고 이 금속이 아주 뜨겁게 달궈지면서 빵을 굽는 기계였어. 조금 위험하기도 했고 빵이 한쪽만 구워져서 중간에 뒤집어 줘야 했지. 그로부터 10년쯤 뒤 찰스 스트라이트Charles

찬물 끼얹기
4/10
토스터 이름이
뭐 이래?

Strite라는 사람이 훨씬 더 나은 토스터를 발명했어. 빵에 닿는 뜨거운 금속이 안으로 들어가 있었고, 빵을 넣으면 양면이 동시에 구워진 뒤 튀어 올라오는 기계였어. 게다가 찰스는 이 토스터에 토스트마스터라는 훨씬 더 멋진 이름을 붙였지. 하지만 많은 사람이 토스터를 쓰기 시작한 건 상점들이 얇게 썬 빵을 판매하기 시작한 1928년부터야. 내가 생각하기에 얇게 썬 빵은 최고의…… 아니, 빵 다음으로 최고의 발명품인 것 같아.

참일까 똥일까?

코끼리는 냉장고 위에 설 수 있다.

참 1939년 프리지데어Frigidaire라는 회사는 자신들이 만든 냉장고가 아주 튼튼하다는 것을 증명하기 위해 4톤짜리 코끼리가 냉장고 위에 서 있는 모습을 영상으로 촬영했어. 다행히 냉장고와 코끼리가 모두 무사했지. 그러니까 코끼리가 너희 집에 찾아와 냉장고 위에 올라가더라도 너무 걱정하지 마.

400년 전에는 피로 만든 초콜릿을 살 수 있었다.

똥 설마 이 책에다 토하고 있는 건 아니겠지? 아니길 바라. 피 맛이 나는 초콜릿은 400년 전이 아니라 그보다 훨씬 더 나중에 발명됐어. 사실은 지금도 맛볼 수 있지. 러시아 슈퍼마켓에 가면 헤마토겐Hematogen이라는 초콜릿 바를 발견할 수 있을 거야. 이 초콜릿 바가 보인다면 피하는 게 좋을걸? 그래도 여전히 초콜릿은 내가 가장 좋아하는 채소야. 매일 다섯 개씩 먹고 있지. ⚡ 사실은? - 초콜릿은 채소가 아닙니다. ⚡ 앗, 몰랐네.

식기세척기를 오븐으로 쓸 수도 있다.

참 식기세척기로 파이나 감자를 구울 수는 없지만 연어를 굽는 사람은 꽤 많을 거야. 1975년 유명한 공포 영화 배우인 빈센트 프라이스가 이 조리법을 발명한 뒤 미국 텔레비전에서 생방송으로 직접 보여 주었거든. 먼저 연어 한 조각을 준비하고 레몬즙을 조금 뿌린 뒤 알루미늄 포일로 아주 아주 아주 단단하게 여러 번 싸야 해. 연어에 물이 묻으면 잘 안 구워질 테니까. 식기세척기에 연어가 묻으면 더욱 곤란하지. 그런 다음 식기세척기를 뜨거운 코스로 오래 돌리면…… 짜잔! 맛있는 연어 요리가 나온단다. 네가 연어를 싫어한다면 구역질 나는 연어 요리가 나오겠지. 실수로 식기세척기용 세제를 사용했다면 더욱 그럴 테고. 잘못하면 설거지하려고 넣은 접시에 생선 비린내가 밸 수도 있겠지. (내 변호사 나이절의 당부! 절대로, 어떤 상황에서든 식기세척기의 주인인 어른의 허락 없이 이 요리를 시험해선 안 된대.)

케이에게 물어봐

청소기 회사 후버가 파산할 뻔했다고?

1992년부터 후버의 진공청소기 판매량이 줄어들기 시작했어. 다른 청소기 회사들이 나타나 후버의 고객들을 빼앗아 갔거든. 후버의 경영진은 판매량을 다시 늘리기 위한 흥미로운 홍보 방법을 고민했어. 후버의 청소기를 살 때마다 초콜릿 바를 하나씩 준다면? 그건 너무 작은 선물이잖아. 후버의 청소기를 살 때마다 공짜로 뱀을 한 상자씩 주는 건? 그건 너무 이상한 선물이고. 후버의 상품을 15만 원어치 사는 사람에게 100만 원짜리 미국행 비행기표를 주는 건 어떨까? 이게 얼마나 터무니없는 아이디어인지는 너도 알겠지? 피핀도 그렇게 멍청한 아이디어는 내지 않을 거야. 그런데 후버는 그 아이디어를 실행으로 옮겼지. 결과는 참담했어. 수십억 원의 손해를 보고 경영진이 모두 회사를 그만두어야 했지.

부엌에서 쓰는 믹서로 어떻게 수백만 명의 목숨을 구했을까?

믹서는 수프와 밀크셰이크를 만드는 데만 사용된 게 아니야. 소아마비라는 병을 들어 봤니? 잠깐 설명해 줄게. 소아마비는 바이러스를 통해 감염되는 병인데, 이 병에 걸리면 우리가 걷거나 숨 쉬는 데 사용하는 근육을 조종하는 신경이 손상돼. 병이 낫는다 해도 심각한 후유증을 얻기도 했지. 과거에는 아주 흔한 질병이었는데, 치료제가 없다는 게 문제야. 1955년이 돼서야 조나스 소크Jonas Salk라는 천재가 이 병을 예방하는 백신을 개발했어. 이 백신이 우리 몸에 들어왔을 때 효과를 내려면 정확한 양의 죽은 소아마비 바이러스를 섞어야 했지. 조나스는 오랜 연구 끝에 믹서를 이용해 이 어려운 일을 해냈어! 조나스와 믹서 덕분에 이제 소아마비는 세상에서 거의 사라졌고 얼마 후면 영원히 없어질 거야.

포크와 나이프는 언제 발명되었을까?

가장 오래된 나이프의 나이는 200만 살에 가까워. 설마 200만 년 동안 한 번도 안 닦은 건 아니겠지? 사람들이 나이프를 쓴 지는 200만 년 가까이 됐지만, 서양에서 포크와 나이프 같은 식기가 널리 사용된 지는 그렇게 오래되지 않았어. 1071년에 지금의 튀르키예에 살던 테오도라 두카이나Theodora Doukaina라는 공주가 총독과 결혼하기 위해 베네치아로 갔어. 총독은 왕의 명령을 받아 그 지역을 다스리는 사람이야. 저녁 식사 시간이 되었고, 공주는 라자냐를 손에 묻히면서 먹기 싫어서 포크를 꺼냈지. ⚡ **사실은? - 라자냐는 그로부터 300년 뒤에 발명되었습니다.** ⚡ 식탁에 둘러앉은 사람들은 공주가 예의 없다며 충격을 받았어. 당시에는 손만 있으면 충분하다고 생각했거든. 심지어 신을 모독하는 행위라고 여기기도 했어. 그 자리에 있던 주교(가톨릭교에서 지역에 있는 교회를 관리하는 성직자야.)는 공주의 포크가 '악마의 도구'라고 했다니까. 그렇다고 너도 음식을 손으로 집어먹지 말라고 하는 어른에게 포크는 '악마의 도구'라고 따지면 안 돼. 어차피 통하지 않을 테니까.

우웩, 저게 뭐야.

발명가는 어떤 모습일까? 과학자처럼 흰 가운을 입고 보글거리는 시험관을 들고 있는 모습? 아니면 우리 아빠처럼 머리는 희끗희끗하고 코에는 코털이 잔뜩 삐져나온 인자한 할아버지 같은 모습? ⚡ 사실은? - 주인님도 9일에 한 번 코털 다듬는 기계를 사용하잖아요. ⚡ 굉장한 무언가를 발견하거나 발명한 사람들 중에는 너와 비슷한 사람들도 있어. 그렇다고 방귀를 뿡뿡 뀌면서 상한 우유 냄새를 풍긴다는 뜻은 아니야. (기분 나쁘게 듣지는 마.) 학교에 다니면서 발명에 성공한 사람도 있다는 뜻이야. 실은 나도 겨우 아홉 살 때 자동 코파개를 발명했거든. ⚡ 사실은? - 그건 손가락이고 주인님이 발명한 게 아닙니다. ⚡

트램펄린

트램펄린처럼 재미있는 기구를 실험실에 틀어박혀 연구만 하는 따분한 과학자가 발명했을 리가 없지. 트램펄린은 열여섯 살의 조지 니센George Nissen이 생각해 냈어.(트램펄린을 발명했을 때 열여섯 살이었다는 뜻이야, 지금이 아니라. 그때가 1930년이었으니까 지금은 세상을 떠나고 없어.) 조지는 서커스에서 외줄타기와 공중그네 곡예를 구경하곤 했어. 무엇보다도 좋아했던 광경은 곡예사들이 중심을 잃고 줄 아래 설치된 안전망으로 떨어지는 모습이었지. 좀 못됐지? 어느 날 조지는 안전망 위에서 다시 튀어 오르는 것도 재미있겠다고 생각했고 그렇게 해서…… 트램펄린이 탄생한 거야!

아이스바

아이스바는 여름에 많이 먹지만 겨울에 발명되었어. 1905년 어느 겨울날, 프랭크 에퍼슨Frank Epperson이라는 열한 살 소년이 가루로 된 레모네이드를 물에 타서 밖으로 가지고 나왔어. 가루로 만든 레모네이드라니, 참 별로지? 하지만 옛날에는 어쩔 수 없었어. 프랭크는 마당에서 작은 나무 막대로 레모네이드를 젓다가 다른 일이 떠올라서 집 안으로 들어갔어. 그리고 다음 날 아침 아이스바가 탄생했지. 꽝꽝 언 레모네이드 위로 작은 막대가 튀어나와 있었거든. 고마워, 프랭크!

설상차

조지프-아르망 봉바르디에Joseph_Armand Bombardier라는 열다섯 살의 캐나다 소년은 눈만 오면 화가 치밀었어. 캐나다에는 눈이 많이 오는데 그때마다 눈이 잔뜩 쌓여서 빨리 걸을 수가 없었거든.

그래서 커다란 스키에 프로펠러와 자동차 엔진을 달아 최초의 설상차, 즉 눈이나 얼음 위를 달릴 수 있는 특수 자동차를 만들었어. 차에 있는 엔진을 꺼내 오기 전에 부모님께 허락을 받은 거라면 좋겠다. 이후 조지프-아르망은 자신의 이름을 딴 봄바디어Bombardier라는 회사를 차렸고, 이 회사는 80년 넘게 지난 지금도 비행기와 기차를 만들어 많은 돈을 벌고 있어.

슈퍼맨

제리 시겔Jerry Siegel이라는 소년은 열일곱 살 때 끔찍한 일을 겪었어. 가게를 운영하던 아버지가 강도에게 목숨을 잃었거든. 제리는 하늘을 날아다니며 사람들을 구해 주고 나쁜 놈들의 엉덩이를 걷어차는 슈퍼히어로가 있으면 좋겠다고 생각했어. 그래서 1933년 조 슈스터Joe Shuster라는 친구와 함께 새로운 만화 주인공을 만들었지. 어떤 주인공이었을까? 새? 아니면 비행기? 바로 위에 답이 있는데…… 그래, 바로 슈퍼맨이야. 제리는 계속해서 바운싱 보이와 매터-이터 래드, 카멜레온 보이, 스트라입시 같은 다른 캐릭터도 많이 만들었어. 하지만 이 캐릭터들은 전부 슈퍼맨만큼 성공하진 못했어.

윈드서핑

1958년 피터 칠버스Peter Chilvers라는 열두 살 소년은 하루 종일 바다에서 서핑을 하다가 싫증이 났어. 그래서 더 재미있게 놀 방법이 없을까 고민하다가 기다란 막대와 천을 가져와 서핑보드에 매달고 순식간에 윈드서핑을 발명했지. 혹시 "화산재에 들어있는 매우 미세한 규소 성분에 의한 진폐증"이라는 병을 알고 있니? 이걸 한 번에 다 읽는 시간보다도 짧은 순간에 윈드서핑을 발명했다니까. ⚡ 사실은? - "화산재에 들어있는 매우 미세한 규소 성분에 의한 진폐증"은 화산재에서 나온 먼지를 들이마셨을 때 걸리는 폐 질환입니다. 윈드서핑과는 아무 상관이 없습니다. ⚡

애덤 케이 천재 주식회사

애덤의 장엄한 장마 안경

해가 쨍쨍한 날에는 선글라스를 쓰면서 비 오는 날에는 왜 아무런 준비도 하지 않나요? 장마철에는 애덤의 장엄한 장마 안경을 써 보세요. 비를 감지하는 자동 센서와 자동 렌즈 닦이가 달려 있어 더욱 편리하답니다.*

말도 안 되는 가격! 14,990,000원 (안경집 별도)

*렌즈 닦이가 작동하는 동안에는 앞이 보이지 않으니 주의하세요.

거실, 응접실, 휴게실, 가족실, 다 비슷한 공간을 일컫는 말이잖아. 2200년에 지구를 점령한 자아그의 문어 인간은 **죽음의 촉수실**이라고 부를지도 몰라. 뭐라고 부르든 거실은 집에서 가장 큰 텔레비전과 편안한 소파가 있는 공간이야. 이곳에 어떤 발명품이 있는지 살펴보자.

다리미와 도우미

4000년 전 사람들은 매머드 가죽으로 만든 바지가 구겨져도 상관하지 않았을 것 같다고? 아니야. 그 시대의 사람들은 크고 평평한 바위를 불에 달궈 옷을 다렸어. 어떻게 아냐고? 그 시대의 틱톡을 보면 알 수 있지. ⚡ **사실은? - 동굴 벽화로 알 수 있습니다.** ⚡ 아, 그렇구나. 고대의 다림질 방식은 오늘날 우리가 사용하는 방식과 비슷해. 무겁고 평평하고 뜨거운 기구로 옷을 눌러 주름을 폈지. 고대 중국 사람들은 지금처럼 금속으로 옷을 다리는 게 가

장 좋은 방법이라는 사실을 이미 알고 있었어. 영어로 다리미를 '아이언iron'이라고 하잖아. iron에는 '쇠'라는 뜻도 있는데, 고대 중국에서도 쇠로 다리미를 만들었다니 참 신기한 우연이지? ⚡ 사실은? - 우연이 아니라 고대 중국에서 쇠로 다리미를 만들었기 때문에 다리미를 아이언이라고 부르기 시작했습니다. ⚡ 나도 알아. ⚡ 사실은? - 몰랐잖아요. ⚡

전기가 발명되자 쇠를 불이 아닌 전기로 달굴 수 있게 됐어. 그 덕분에 다림질이 훨씬 더 편해졌지. 전기 다리미는 온도를 조절할 수 있고 스팀이 나오게 할 수도 있거든. 다림질이 과거에 비해 훨씬 더 쉬워졌다고는 하지만 여전히 가장 하기 싫은 집안일 중 하나로 꼽히지. 하지만 내가 가장 싫어하는 집안일은 따로 있어. 바로 로봇 도우미의 노폐물 배출구를 청소하는 일이야. ⚡ 사실은? - 제 노폐물 배출구에 관해 얘기하는 건 계약 위반입니다. ⚡

소중한 소파

아늑하고 푹신한 소파보다 더 좋은 게 있을까? 그런 소파에 앉아 텔레비전을 보거나 네가 가장 좋아하는 작가 애덤 케이의 책을 읽으면 더없이 행복할 거야. ⚡ **사실은? - 현재 주인님의 온라인 서점 인기 순위는 24만 7845위입니다.** ⚡ 어쨌든 우리가 고대 이집트에 살고 있지 않아서 얼마나 다행인지 몰라. 그 이유는 첫째, 상형문자를 모르잖아. 그리고 둘째, 이집트의 소파는 그리 편하지 않았거든. 나무나 돌, 쇠로 만든 벤치를 소파로 사용했으니까. 올라가서 펄쩍펄쩍 뛸 수도 없었고 그 위에서 베개 싸움이라도 했다간 결국 응급실에 실려 갔을 거야.

고대 로마인들은 그렇게 불편한 의자에 엉덩이를 붙일 수 없다고 생각했는지 '셰즈 롱그chaise longue'라는 것을 발명했어. 나

거실

만큼 프랑스어를 잘하지 못하는 친구들을 위해 알려 주자면 '긴 의자'라는 뜻이야. ◣ **사실은? - 주인님도 인터넷에서 찾았잖아요.** ◢ 로마인들은 몇 시간이고 이런 긴 의자에 누워 하인들이 먹여 주는 와인과 음식을 받아먹는 걸 즐겼지. 그러고 나면 배가 몹시 아팠을 테지만 엉덩이나 허리는 아프지 않았을걸. 소파에 천을 덮고 그 안에 동물 털을 넣어 푹신하게 만들었거든. 고슴도치 털을 넣진 않았을 거야. 양처럼 털이 부드러운 동물을 골랐겠지.

푹신한 빈백 의자는 1000년쯤 전에 아메리카 원주민들이 발명했어. 하지만 앉기 위해 만든 의자가 아니라 공처럼 던지기 위해 만든 조그만 주머니였지. 안에는 솜 대신 말린 콩을 넣었어. 영어로 '빈백beanbag'은 '콩주머니'라는 뜻이거든. 그리고 겉면은 천이 아니라 다른 것으로 감쌌는데, 바로…… 돼지 오줌보였어. 그러니까 오늘날 네가 놀이터에서 갖고 노는 공이랑은 좀 많이 달랐겠지? 사람이 앉을 수 있는 커다란 빈백은 1968년에 아우렐리오 자노타Aurelio Zanotta라는 이탈리아 디자이너가 만들었어. 자노타는 공기를 넣어 부풀리는 의자도 발명했지. 우리 집에도 그런 의자가 있는데, 앗! 피핀, 저리 가……. 이젠 없네.

113

평면 스크린과 뚱뚱 스크린

텔레비전은 존 보기 레어드가 발명했어. ⚡ **사실은? - 존 로기 베어드 John Logie Baird**가 **발명했습니다.** ⚡ 존은 1888년 스코틀랜드에서 태어났어. 나이를 좀 먹은 후에는 헤이스팅스라는 잉글랜드의 도시로 이주했지. 그리고 1923년에 그곳에서 세계 최초의 텔레비전을 만들었어. 어떻게 했는지는 나도 몰라. 모자가 들어 있던 상자와 자전거에 달려 있던 조명, 가위, 왁스로 만들었다는 것밖에는……. 도대체 어떻게 한 걸까?

존은 셋집에 살았는데, 무언가를 만들면서 자꾸 폭발을 일으켰어. 참다 못한 집주인이 존을 쫓아냈지. 셋집에서 쫓겨난 존

은 런던으로 이사 갔어. 텔레비전이 있어도 볼만한 프로그램이 없다면 아무 소용이 없지 않겠니? 그래서 존은 텔레비전 신호를 전달하는 방법도 연구하기 시작했어. 존이 처음으로 텔레비전에 내보낸 장면은 무엇이었을까?

① "생일 축하합니다" 노래를 부르는 어린이.
② 커다란 스페인 햄.
③ 스투키 빌Stooky Bill이라는 소름 끼치는 인형 머리.
④ 역에 도착하는 증기 기관차.

③을 골랐다면 축하해! 60억 원의 상금을 받게 됐어! ⚡ **사실은? - 주인님의 통장에는 1만 3600원밖에 없습니다.** ⚡ 1926년 존은 사람들이 가득 모인 극장에서 자신의 놀라운 발명품을 자랑스럽게 보여 주었어. 세상을 영원히 바꿔 놓을 이 훌륭한 신기술을 보고 사람들은 뭐라고 했을까? 한 신문에는 이런 기사가 났어. "영상은 희미하고 흐릿했다." 사람들은 참 까다롭다니까.

이제 과학 얘기를 조금 해야 할 것 같은데. 들을 준비됐니? 안 됐다고? 그래도 어쩔 수 없어. 어차피 해야 하거든.

텔레비전의 과학

텔레비전 앞으로 가 볼래? 좀 더 가까이. 아니, 더 가까이 가 봐. 화면에 네 이마의 기름이 묻고 콧김이 뿌옇게 서릴 때까지. 그럼

화면의 영상이 아주 작은 수십만 개의 점으로 이뤄져 있는 게 보일 거야. 이 점을 픽셀pixel이라고 해. 이 작은 픽셀들은 1초에 무려 120번까지 빠르게 색을 바꿔. 텔레비전을 켰을 때 우리가 보는 건 바로 이 픽셀들이야. 픽셀이 끊임없이 움직이고 바뀌는 광경을 보게 되는 거지.

텔레비전 카메라는 영상을 픽셀로 바꾸어 전선이나 공기 중에 신호로 흘려보내. 이것이 바로 텔레비전 신호TV signal야. 텔레비전은 이 신호를 받아서 모든 픽셀을 정확한 시간에 정확한 위치에 배치해. 아주 오래된 텔레비전은 크고 긴 관을 통해 영상을 화면으로 쏘아줬기 때문에 화면의 폭만큼 뒷부분이 튀어나와 있었어. 벽에 걸 수 있는 평면 스크린이 아니라 탁자에 간신히 올라가는 뚱뚱 스크린이었지. 이 정도면 나름 괜찮은 설명이었지?

➤ 사실은? - 저의 이해 기능에 따르면 조금 형편없는 설명이었습니다. ➤ 그렇다면 그림으로 보여 줄게. 오른쪽 그림을 보면 돼. 이 그림이 따분하다면 식사를 하는 세 목사들 그림도 준비했으니 그걸 감상하도록.

존 로기 베어드가 발명한 최초의 텔레비전은 소리가 나오지 않았어. 영상도 겨우 몇백 픽셀 밖에 안 됐고 흑백 화면이었지. 1초에 겨우 다섯 번만 픽셀의 배치가 바뀌었어. 다행히 발명가들은 계속해서 새로운 텔레비전을 발명했어. 그러지 않았다면 우

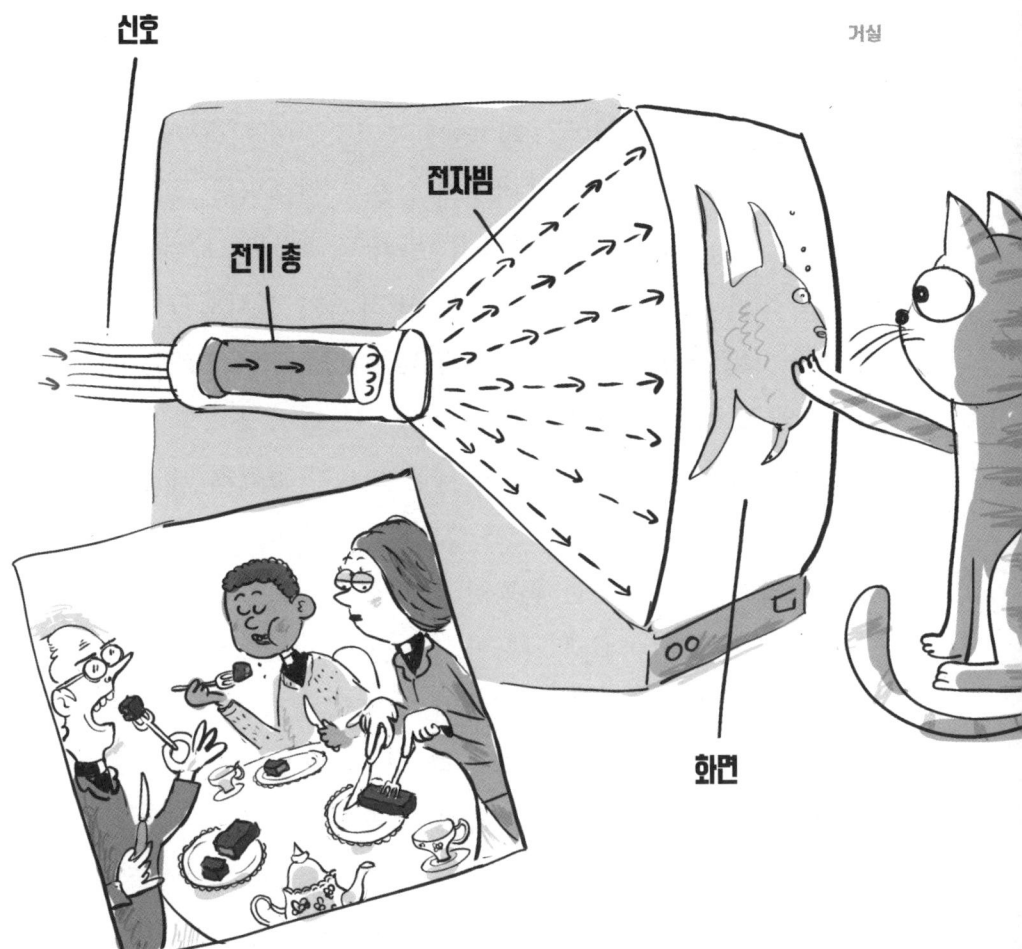

리는 오늘날처럼 멋진 텔레비전을 누릴 수 없었을 거야. 1934년에는 소리가 나오는 텔레비전이 발명되었고, 1944년에는 컬러텔레비전이 발명되었어. 컬러텔레비전으로 방송된 최초의 프로그램은 런던의 윔블던 스타디움에서 열린 테니스 선수권대회 중계였어. 그런데 그걸 굳이 컬러텔레비전으로 볼 필요가 있었을까? 공은 노란색, 테니스장은 초록색이고, 선수들은 모두 흰옷

을 입고 있었는데 말이야. 1950년에는 리모컨이 처음 세상에 나왔어. 최초의 리모컨은 텔레비전에 선으로 연결되어 있고 '게으른 인간Lazy bones'이라고 불렸지. 누가 내 얘기를 하나? 1953년에는 처음으로 텔레비전에 폭죽 발사기가 설치되었고 말이야. ⚡ **사실은? - 저의 데이터 소스에 따르면 이것은 오이로 만든 떡볶이만큼 말도 안 되는 소리입니다.** ⚡ 30여 년 전에는 평면 스크린이 발명되었어. 더 이상 텔레비전 뒤에 커다란 관을 넣을 필요가 없었지. 대신 액정 표시 장치라는 뜻의 '리퀴드 크리스털 디스플레이liquid crystal display', 줄여서 LCD라는 똑똑한 장치를 사용했어. 평면 스크린도 수많은 픽셀로 이뤄져 있지만, 전자빔을 화면으로 쏘아 주던 뚱뚱 텔레비전과 달리 각 픽셀들에 제각기 전기가 얼마만큼 통과하느냐에 따라 색을 바꿔. 픽셀 하나는 1670만 가지 색을 보여 줄 수 있어. 하나씩 열거해 보면, 아쿠아마린, 라임, 마젠타, 샐먼, 징글빙글, 피치, 실버. 지금까지 몇 개지? ⚡ **사실은? - 일곱 개인데, 그중 하나는 틀렸습니다. 1669만 9994 가지 남았네요.** ⚡ 흠. 그 밖에 여러 색이 있어.

뮈니 뮈니 해도 오늘날 텔레비전의 가장 좋은 점은 소리도 안 나오는 흐릿한 인형 머리 대신 다양한 프로그램을 보여 준다는 거야.

거실

이제 내 로봇 도우미에게 거짓말 탐지기를 켜 보라고 할게. 존 로기 베어드에 관한 다음 사항 중에서 새빨간 야생말을 찾아보렴. ⚡ 사실은? - 이런 표현도 없습니다. 벌써 세 번이나 지적했으니 앞으로는 무시하겠습니다. ⚡

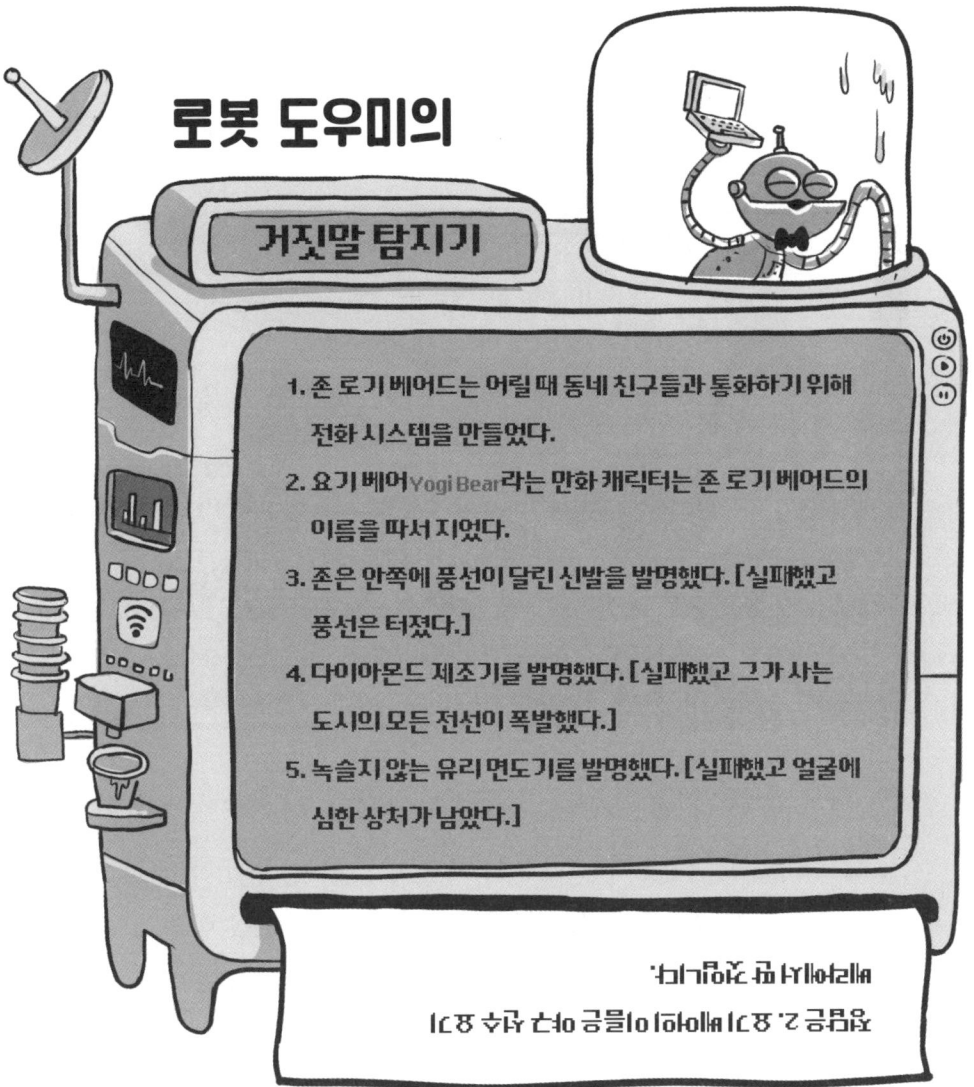

로봇 도우미의 거짓말 탐지기

1. 존 로기 베어드는 어릴 때 동네 친구들과 통화하기 위해 전화 시스템을 만들었다.
2. 요기 베어 Yogi Bear 라는 만화 캐릭터는 존 로기 베어드의 이름을 따서 지었다.
3. 존은 안쪽에 풍선이 달린 신발을 발명했다. [실패했고 풍선은 터졌다.]
4. 다이아몬드 제조기를 발명했다. [실패했고 그가 사는 도시의 모든 전선이 폭발했다.]
5. 녹슬지 않는 유리 면도기를 발명했다. [실패했고 얼굴에 심한 상처가 남았다.]

정답은 2. 요기베어라는 이름은 야구 선수 요기 베라에서 딴 것입니다.

친구? 누구?

세계 최초의 도난 경보기는 놀랍도록 성능이 좋았어. 밤이 되면 알아서 네 발로 집 주변을 돌다가 범제자가 감지되면 곧장 큰 소리를 내 주인에게 알려 줬지. ⚡ 사실은? - '범제자'가 아니라 '범죄자'입니다. ⚡ '범제자'가 맞을걸. 어쨌든 그 도난 경보기는 이런 소리를 냈어. "왈! 왈! 왈!"

매일 밥을 줄 필요가 없는 도난 경보기는 1853년 오거스터스 포프 Augustus Pope라는 사람이 처음 발명했어. 누군가가 창문이나 문을 몰래 열면 두 개의 전선이 만나 전기 회로를 이루고 요란한 경보를 울리는 기구였지. 이 소리에 범제자는 겁을 먹고 도

망쳤어. ⚡ 사실은? - '범죄자'가 확실합니다. ⚡

최초의 CCTV 카메라는 마리 밴 브리턴 브라운Marie Van Brittan Brown이라는 미국 흑인 여성이 발명했어. 간호사인 마리와 전자기기 수리공인 남편은 밤늦게까지 일할 때가 많았어. 게다가 두 사람은 뉴욕에서도 범죄가 많이 일어나는 곳에 살았기 때문에 누가 문을 두드리면 그 사람이 누구인지 확인하고 싶었지. 친한 친구일 수도 있지만 전혀 친하지 않은 범제자일 수도 있잖아. ⚡ 사실은? - 제 회로가 손상되고 있네요. ⚡ 그래서 1966년에 마리는 현관문에 구멍을 뚫고 그 안에 카메라를 박아 넣은 뒤 부엌에 있는 텔레비전 화면에 연결했어. 그리고 문 앞에 있는 사람과 얘기할 수 있도록 마이크 두 개를 연결했지. 필요한 경우 경찰을 부르기 위한 비상 버튼을 연결하는 것도 잊지 않았어. 오늘날의 경보 시스템도 이와 비슷한 기능을 사용해. 그러니까 우리 모두 마리에게 감사해야겠지? 물론, 네가 범제자가 아니라면 말이야. ⚡ 사실은? - 5%tr98$44yyqc%^=c&kc2h! $mll(t≪&p≫#n 오류. 재부팅하세요. ⚡

나와라 라디오

하인리히 헤르츠Heinrich Hertz에게 인사하렴. 하인리히 헤르츠는 1888년에 라디오파라고도 하는 전파를 발견했어. 전파는 전자기파의 일종으로 눈에 보이지 않고 공기 중으로 전달돼. 그런데 그는 전파가 전혀 쓸모없는 것이라고 생각해 다른 연구를 하기 시작했지. 다행히 굴리엘모 마르코니Guglielmo Marconi라는 이탈리아 발명가가 전파도 쓸모가 있을 거라고 여기고, 1894년에 전선 대신 전파로 메시지를 전달하는 방법을 연구했어. '라디오'가 '신호 전파'를 의미한다는 것 알고 있었니? ⚡ **사실은? - 네, 저는 알고 있었습니다.** ⚡ 너한테 물어본 거 아니거든? 최초의 라디오 방송은 1906년 12월 24일에 나왔는데, 레지널드 페센든Reginald Fessenden이라는 사람이 바이올린으로 크리스마스 캐럴을 형편없이 연주하는 방송이었어.

라디오가 발명된 덕분에 우리 프루넬라 고모할머니 같은 노인들은 소파에 앉아 다른 노인들의 이야기나 옛날 음악을 들을 수 있게 되었지. 그런데 라디오의 용도는 그뿐만이 아니었어. 라디오는 무전기를 뜻하기도 하거든. 라디오의 원리를 이용해 사

람들은 아주 멀리 떨어진 사람에게도 목소리를 전달할 수 있었지. 배를 타는 사람들은 다른 배에 있는 사람들과 무전기로 소통할 수 있게 되었어. 그 덕분에 1912년 북대서양에서 거대한 타이타닉호Titanic가 가라앉기 시작했을 때 선장이 도움을 요청할 수 있었고 700명이 구명정을 타고 탈출할 수 있었지. 하지만 그 무엇보다 좋은 건 매일 밤 10시에 방송하는 나의 환상적인 라디오 쇼 〈애덤 케이가 자기 책을 직접 읽어 드립니다〉를 들을 수 있다는 사실이야.

온돌과 돌머리

중앙 난방 시스템은 7000년 전부터 있었어. 그러니까 어른들은 6999년 동안 난방비가 얼마나 비싼지 아느냐며 옷을 껴입으라고 잔소리를 했다는 뜻이지. 아주 오래전 한국의 집들은 온돌이라는 난방 장치를 사용했어. 방바닥 밑에 구들장이라는 넓적한 돌을 깔아 두고 커다란 아궁이에 불을 피웠어. 그러면 방바닥 아래 공간으로 열기가 들어가 구들장과 함께 방을 데운 뒤, 반대편으로 연기가 빠져나갔지. 방바닥 아래 공간들이 연결되어 있어서 방마다 불을 피우지 않아도 모든 방을 갈비 위의 냄비처럼 뜨겁게 데울 수 있었어. ⚡ **사실은? – '갈비 위의 냄비'는 제 사전에도 없는 이상한 표현입니다.** ⚡ 오늘날의 보일러는 가스나 기름으로 물을 끓인 뒤 뜨거워진 물이 바닥에 깔린 파이프를 통해 흘러 집 안을 돌아다니며 바닥을 데우는 방식을 써. 영국에서는 이 물이 마지막에 라디에이터로 들어가 그 라디에이터가 방을 데우기도 하지. 나는 아홉 살 때 라디에이터의 작동 방법이 궁금해서 파이프의 나사를 풀어 본 적이 있어. 그런데 아주 더럽고 뜨거운 물이 사방으로 뿜어져 나와 내 방의 카펫이 못 쓰게 되었지 뭐야. 그 뒤로 석 달 동안 야단을 맞았다니까. (내 변호사 나이절의 당부! 라디에이터를 만지는 건 정말 위험하니까 나처럼 '돌머리 같은 짓'은 하지 말래. 이렇게까지 얘기할 필요가 있나?) ➜ **사실은? - 저의 상식 기능에 따르면 그럴 필요가 있습니다.** ➜

참일까 똥일까?

연속 다림질 세계 기록은 100시간이다.

참 2015년 개러스 샌더스 Gareth Sanders라는 남자는 쉬지 않고 나흘 넘게 옷을 다렸어. 개러스가 다린 옷은 1700벌쯤이었고 그 후로 팔이 회복될 때까지 2주가 걸렸지. 그 덕분에 개러스는 어려운 사람을 돕는 자선기금을 많이 모았지만 아마 그 나흘은 그의 인생에서 가장 지루한 시간이었을 거야. ⚡사실은? - 저에게는 사실 확인을 위해 이 책을 훑어본 시간이 가장 지루한 시간이었습니다.⚡

최초의 텔레비전 광고는 샘손이라는 회사의 슈퍼풀이라는 접착제 광고였다.

똥 최초의 텔레비전 광고는 1941년에 만들어진 부로바 Bulova라는 미국 시계 회사의 광고였어. 솔직히 말하면 딱히 훌륭하진 않았어. 어떤 남자가 "미국은 부로바의 시간 위로 흘러갑니다"라고 말하는 게 전부였거든. 네가 평생 보게 되는 광고는 200만 편이 넘을 거야. 광고하는 물건을 전부 다 사들이면 방이 미어터질 테니 조심하도록.

영국에서 소파 틈새로 사라지는 동전은 1년에 700억 원이 넘는다.

참 정확히는 748억 원이야. 그렇다면 소파 틈새를 한번 뒤져 보는 것도 좋겠지? 하지만 이건 전국 총합이고 한 집에서 나오는 돈은 2500원 정도야. 그러니까 소파 틈새를 뒤져서 전용기를 사거나 열대지방의 휴양지 섬으로 이사하기는 어려울 거야. 차라리 자동차 안을 뒤지는 게 나을걸? 자동차의 의자 틈새와 바닥, 조수석의 글로브 박스에는 평균 4000원어치 동전이 떨어져 있거든. 그럼 해결됐네! 이제 전용기를 주문할 수 있겠어. ⚡ **사실은? - 전용기 가격은 350억 원에서 8000억 원 사이입니다.** ⚡ 흠, 그렇다면 책상 서랍도 뒤져야겠네.

케이에게 물어봐

텔레비전 프로그램은 몇 개나 될까?

현재 네가 선택할 수 있는 텔레비전 프로그램은 80만 개가 넘지만 대부분은 아주 지루할 거야. 사람들이 오롯이 텔레비전을 보는 데 쏟는 시간은 1년에 평균 45일이야. 한 달 반 동안 계속 소파에 앉아 텔레비전을 본다는 뜻이 아니라, 1년 동안 보는 시간을 다 합치면 그렇다고.

세상에서 가장 비싼 소파는 얼마일까?

별로 비싸지 않아. 겨우 35억 원이거든. 2015년에 록히드 라운지 Lockheed Lounge라는 소파를 35억 원에 산 사람이 있어. 하지만 그 소파는 금속으로 만들어서 아주 편안하지는 않을 거야. 청소하긴 쉽겠지만 말이야. 그래도 35억 원은 좀 비싸지 않나? 나라면 할인 행사 때까지 기다렸을 텐데.

CCTV는 몇 대나 있을까?

엄청나게 많아! 영국에 설치된 CCTV 카메라는 500만 대가 넘고 한 사람이 하루에 평균 70번씩 찍혀. 한국에는 공식적으로 집계된 CCTV만 160만 대가 넘는다고 해. 그러니까 어디서든 "치즈" 하는 거 잊지 마! ⚡ 사실은? - 사진을 찍을 때 "치즈"라고 하는 까닭은 "ㅊ"을 소리 낼 때 이가 다물어지고 'ㅣ'를 발음할 때 입술이 열려서 미소 짓는 입 모양이 되기 때문입니다. 한국에서는 "김치"라고 하고 스페인에서는 "파타타"라고 합니다. 이 말은 "감자"라는 뜻입니다. ⚡ 이 책을 통틀어 네가 한 얘기 중에 처음으로 흥미롭네.

형편없는 발명

세상을 바꾼 천재적인 발명품도 많지만, 너무 형편없어서 완전히 잊힌 발명품이 훨씬 더 많아. 사람들은 다 잊었지만 나는 기억력이 아주 좋거든. 그러니까 내가 소개해 줄게! ➤ 사실은? - 애덤에 관한 기록 확인…… 6일 전: 애덤이 욕조의 물을 틀어 놓고 잠그는 걸 잊어서 집 안이 물바다가 되었음. 11일 전: 애덤이 프루넬라 고모할머니의 생일을 잊어버려서 몹시 혼남. 14일 전: 애덤이…… ➤ 엇, 자리가 부족해서 이 단락은 그만 끝내야 할 것 같다.

냄새나는 영화

영화관에서 영화를 보다가 화면에 나오는 장면의 냄새도 함께 맡을 수 있으면 좋겠다고 생각한 적이 있니? 사실은 70년 전에 이미 발명가 두 명이 그걸 시도해 보기로 했어. 영화 속 인물이 잔디를 깎으면 갓 깎은 풀 냄새가 영화관 안에 퍼지고, 주인공이 아침 식사를 준비하면 계란프라이와 소시지 냄새에 관객이 군침을 흘리게 하는 거지. 말이 똥을 누는 장면이 나오면…… 설마 이런 냄새까지 넣지는 않았겠지? 이 냄새 나는 영화에는 몇 가지 문제가 있었어. 특수한 파이프에서 냄새가 나올 때 요란하게 쉭쉭거리는 소리가 들렸고 그다음에는 관객이 코를 킁킁거리기 시작했지. 그러다 보니 영화에서 나오는 말소리가 잘 들리지 않았어. 게다가 냄새가 영화관 전체에 퍼지기까지는 시간이 걸렸거든. 피핀이 저쪽 구석에서 방귀를 뀌면 나는 1분쯤 지나서야 지독한 냄새에 기침이 나는 것과 같은 원리지. 그 때문에 냄새가 나오는 곳과 멀리 떨어진 곳에 앉은 사람들은 그 장면이 다 지나간 뒤에야 냄새가 난다고 불평하곤 했어. 참, 냄새가 나도록 하는 시설을 설치하는 비용도 무려 18억 원이었어. 그래서 대부분의 영화관은 "됐거든!" 하고 거절했지. 차라리 잘된 일이야. 누가 헐크의 팬티 냄새를 맡고 싶겠니?

거실

닭 안경

1903년, 미국에서 양계장을 운영하던 앤드루 잭슨Andrew Jackson이라는 사람은 닭들이 자꾸 서로의 눈을 쪼아대서 화가 났어. 이 문제를 어떻게 해결했을까? 닭들을 앉혀 놓고 싸움은 나쁜 거라고 혼쭐을 냈을까? 아니면 닭장을 여러 개 준비해서 서로 떨어뜨려 놓았을까? 둘 다 아니야. 앤드루는 특수 보호 안경을 발명했어. 선글라스가 아니라 닭글라스를 만든 거지. ⚡ 사실은? - 저의 유머 평가 기능에 따르면 이 유머는 100점 만점에 2점입니다. ⚡ 닭 얘기가 나왔으니 말인데, 세상에서 가장 빠른 닭을 아니? 바로 후다닭이야. 제일 목소리가 작은 닭은? 속닭 속닭. 하나만 더 해 볼까? 삶은 달걀을 영어로 하면? Life is…… ⚡ 사실은? - 저의 유머 평가 기능에 따르면 이 유머들은 0점입니다. 이 단원은 빨리 끝내는 게 좋겠습니다. ⚡

안경점을 가려고 길을 건너는 거구만!

소피 안경점

두루마리 화장지

"두루마리 화장지가 어때서?" 혹시 이렇게 생각하고 있니? 그런데 화장지를 쓸 때마다 엉덩이에 가시가 박힌다면 어떨까? 그러면 평생 똥을 참는 편이 낫다는 생각이 들지 않을까? 두루마리 화장지가 처음 나왔을 때부터 50년 동안 사람들은 족집게를 옆에 두고 살아야 했을 거야. 종이는 나무로 만들잖아? 1935년에는 화장지 회사들이 화장지 만드는 방법을 바꾸고 '가시 없는' 화장지라고 광고를 했다니까.

팝업 광고

온라인 웹사이트에 들어갈 때 가끔씩 나타나 우리를 성가시게 하는 작은 팝업 광고 알지? "지금 가입하면 1퍼센트 할인해 드립니다!" "축하드려요! 평생 쓸 수 있는 햄스터 샴푸 경품에 당첨되었습니다!" 이런 광고 말이야. 팝업 광고는 1997년 어느 웹사이트 회사에서 일하던 이선 주커맨Ethan Zuckerman이라는 사람이 발명했어. 웹사이트에 들어오는 사람들의 눈에 잘 띄도록 새 창에 광고를 띄우고 싶었지. 그리고 나중에 그 발명에 대해 사과했어. 나는 그 사람을 15년쯤 감옥에 보냈어야 한다고 생각해.

날아다니는 차

굉장한 발명품 같지 않니? 생각해 봐. 네가 차를 타고 친구의 생일 파티에 가는데 도로가 심하게 막혀서 굉장한 구경거리를 놓칠 위기에 처한 거야. 예를 들면 개가 노래하는 광경 같은 거 말이야. 그럴 때 계기반의 버튼 하나만 누르면 자동차가 비행기로 변해 하늘을 날아가는 거지. (결국 노래하는 개도 보고 말이야.) 50년 전 헨리 스몰린스키Henry Smolinski와 해럴드 블레이크Harold Blake는 하늘을 나는 차를 만들어 보기로 했어. 그래서 포드 핀토라는 차의 지붕에 스키 장비를 올리듯 엔진과 비행기 날개를 올려 연결했지. 그런 다음 정말 하늘을 날 수 있는지 직접 타 보았는데…… 만세! 차가 허공으로 날아오른 거야. 그다음 우회전을 하다가…… 이런! 날개가 떨어지고 비행 자동차는 땅으로 곤두박질치고 말았지.

애덤 케이 천제 주식회사

애덤의 수상쩍은 수중 과자

수영하는 걸 좋아하시나요? 과자를 먹는 것도 좋아한다고요? 그렇다면 이 두 가지를 동시에 즐길 수 있는 세계 최초의 수중 과자를 소개합니다. 왁스로 두껍게 코팅해서 물속에서도 눅눅해지지 않고 몇 시간 동안 씹는 즐거움을 누릴 수 있답니다.*

말도 안 되는 가격! 19,900원 (네 조각)

*왁스로 코팅되어 있어 실제로 먹을 수 없으며 인체에 해로울 수도 있으니 유의하세요.

전기
(ELECTRICITY)

전기가 없다면 집에서 할 수 있는 일이 별로 없을걸. 세탁기나 토스터도 쓸 수 없고, 컴퓨터도 쓸 수 없어. 무엇보다 슬픈 건 세계 최고의 책인 이 책도 읽을 수 없다는 거야. ⚡**사실은? - 저의 계산에 따르면 이 책의 세계 순위는 1억 3542만 7542위입니다.**⚡ 전기가 없다면 불을 켜지 못하니 글씨가 안 보이겠지. 그리고 이 책을 쓰지도 못했을 거야. 나는 이 책을 컴퓨터로 써서 이메일로 출판사에 보냈고, 출판사에서는 컴퓨터에 있는 원고를 인쇄해서 책으로 만든 뒤 서점들로 보냈는데…… 이 모든 과정에서 전기를 사용했거든. 그런데 전기란 정확히 뭘까? 여기서 한 번 더 과학 얘기를 해야겠다. 많은 사람이 과학 얘기는 건너뛰는데 너는 아닐 거라고 믿어. ⚡**사실은? - 이 부분을 건너뛸 확률은 93.5퍼센트입니다.**⚡

전기의 과학

이제부터 아주 작은 물질을 다룰 거야. 이 가운뎃점을 봐 →· 정말 작지 않니? 이 가운뎃점의 100만분의 1쯤 되는 조그만 점을 상상해 봐. 그래, '말도 안 되게' 작은 점 말이야. 이번에는 그 점의 100만분의 1쯤 되는 더 작은 점을 떠올려 보렴. '믿을 수 없을 만큼' 작은 점, 그게 바로 원자 atom 하나의 크기야.

우주의 모든 것은 원자로 이루어져 있어. 새와 벽돌, 다리, 엉덩이까지 전부 마찬가지야. 하지만 전자 electron에 비하면 원자는 엄청나게 큰 편이지. 전자는 원자보다 100만 배쯤 작은 입자로, 원자의 가장자리를 돌고 있어. 행성 주위를 도는 위성처럼 말이야. 지구 주위를 돌고 있는 달을 생각하면 쉽지. 원자에 있는 전자가 다른 원자로 점프하면 전기가 발생해. 네 머리에 있는 머릿니가 반 친구들의 머리로 점프할 때처럼 말이야. 알아들었니? 좋아. 그림으로 보여 줄게. 혹시 네가 지루할까 봐 발동 걸린 공룡 그림도 준비했어.

탈레스의 스파크

전기는 누가 발명한 게 아니야. 자연의 일부거든. 자연 속에는 밤에 불을 밝혀 놀라운 모습으로 변하는 반딧불이도 있고, 누가 가까이 오면 감전시키는 미끈거리고 이상하게 생긴 전기뱀장어도 있잖아. 우리 심장이 뛰는 것도 전기 때문이지. 그래서 갑자기 심장이 멈춘 환자에게 의사들이 전기 충격 요법을 사용하는 거야.

너 아무래도 반딧불이를 삼킨 것 같아.

전기에 대해 처음 기록한 사람은 약 2500년 전 그리스에 살았던 탈레스Thales라는 사람이야. 풍선을 스웨터에 마구 문지르면 벽에 붙는 거 알지? 아니, 스웨터 말고 풍선이 벽에 붙는다고. 스웨터가 붙으면 좀 짜증나겠지. 아무튼 그건 정전기 때문에 일어나는 현상이야. 그 시대에 풍선은 없었지만, 탈레스는 호박이라는 노란 돌멩이를 헝겊으로 문지른 뒤 깃털을 갖다 대면 깃털이 호박에 붙는다는 것을 발견했어. 전자가 뭔지 기억하니? 설마 벌써 잊은 건 아니겠지? 바로 요 앞에서 얘기했잖아. 전자를 뜻하는 영어 '일렉트론electron'은 고대 그리스어로 '호박amber'이라는 뜻이야.

전기는 우리 주변에 항상 존재했지만 우리 인간이 전기를 원하는 만큼 사용하거나, 게임기를 작동시킬 수 있을 만큼 만들어 내기까지는 시간이 조금 걸렸어. 처음 전기를 만들어 내는 방법을 연구한 사람 중 한 명은 벤저민 프랭클린Benjamin Franklin이야. 아쉽게도 벤저민에게는 게임기가 없었지만.

벤저민에 관한 모든 것

벤저민 프랭클린은 약 300년 전 미국에 살았고, 이메일을 보낼 때는 자신을 이렇게 소개했어.

벤저민 프랭클린

정치가 / 노예제도 반대론자 / 신문사 사장 / 우체국장 /

작가 / 발명가

benjamin@america.com

⚡ **사실은?** - 벤저민 프랭클린에게는 이메일 주소가 없었습니다. 아직 컴퓨터도 발명되지 않았으니까요. ⚡

그렇군. 그래도 만약 그 시대에 이메일이 있었다면 자신을 이렇게 소개했을 거야. 어쨌든, 벤저민은 아주 다양한 일을 했지만 그 가운데 가장 좋아하는 일은 발명이었어. 겨우 열한 살에 수영할 때 발에 끼우는 오리발을 발명하기도 했거든. 사람들은 오늘날에도 벤저민이 만든 이 오리발을 사용하고 있어! 다음으로 흔들의자를 발명했는데 역시 오늘날에도 사용하고 있지! 그다음에는 멀리 있는 물건을 잡을 수 있도록 팔에 이어 붙이는 장치도 발명했어. (이건 오늘날에는 사용하지 않아. 성능이 별로였거든.) 무엇보다도 벤저민은 전기에 관해 많은 것을 발견했어.

그중 하나는 번개도 전기라는 사실이었지. 전기뱀장어가 사람들을 감전시키는 것과 스웨터에 문지른 풍선이 벽에 붙는 건 전기 때문이잖아. 벤저민은 번개도 똑같다고 확신했지. 하지만 아무도 그 말을 믿지 않았어. 사람들은 번개가 그저 하늘이 부리는 신기한 마법이라고 생각했거든. 벤저민은 자신의 생각이 맞다는 걸 증명하고 싶었어. 그래서 폭풍우가 심하게 몰아치는 날에 밖에 나가서 (내 변호사 나이절의 당부! 이건 절대 따라 해선 안 된대.) 연을 아주 높이 날렸어.

(내 변호사 나이절의 당부! 이것도 절대로 따라 해선 안 된대.) 연줄의 끝에는 금속 열쇠를 매달았지. (이건 정말이지 무슨 일이 있어도 따라 해선 안 돼.) 그리고 번개가 연을 때리자 벤저민은 열쇠 때문에 감전됐지 뭐야? 그는 이렇게 말했어. "봐! 번개도 전기라니까!" 사실은 이렇게 말했을 거야. "아아아악! 아아아악! 도와주세요! 손에 번개를 맞았어요! 구급차 좀 불러 주세요! 아직 구급차가 발명되지 않았나요?!"

하던 산책이나 마저 하면 안 될까?

벤저민은 오늘날 우리가 사용하는 전기 용어들도 만들었어. '충전'을 뜻하는 '차징charging', '건전지'를 뜻하는 '배터리battery', '전도체'를 뜻하는 '컨덕터conductor', 휴대폰의 이름인 '아이폰iPhone'도 모두 벤저민이 만든 거야. ⚡ 사실은? - 네 개 중에 세 개만 정확합니다. 아이폰은 아닙니다. ⚡ 하지만 늘 좋은 아이디어만 낸 건 아니었어. 아무리 똑똑한 사람이라도 가끔 바보 같은 아이디어를 낼 때가 있잖아? 그는 알파벳의 문자가 너무 많다며 C, J, Q, Y는 없애도 좋을 것 같다고 제안했거든. C, J, Q, Y가 사라졌다면 케이크와 주스를 먹는 건 아주 어려운 일이 됐을 거야. (정확한 글자는 케이크cake와 주스juice야.)

벤저민 덕분에 번개가 전기라는 사실을 알아냈지만 여전히 게임기로 게임을 하려면 갈 길이 멀어. 우선은 게임기를 켜야 하고, 그러려면 전기를 '만드는' 방법을 알아내야 했지. 이 일을 해낸 사람을 만나 보자.

패기의 패러데이

마이클 패러데이Michael Faraday는 전기의 역사에서 빼놓을 수 없이 중요한 사람이야. 그는 1791년 영국의 뉴잉턴 버츠라는 곳에서 태어났는데, 처음에는 화학 실험실에서 일했어. 여기서 벤젠이라는 물질을 발견했지. 우리는 오늘날에도 이 물질로 플라스틱을 만들어. 마이클 패러데이가 없었다면 애덤 케이 천재 주식회사의 판타스틱 플라스틱 벽난로도 발명할 수 없었겠지!
⚡ **사실은? - 플라스틱 벽난로는 불에 쉽게 녹기 때문에 거실 카펫이 심하게 망가질 겁니다.** ⚡

마이클 패러데이는 대단한 일을 많이 했지만, 그중 가장 큰 업적은 전류 electric current를 만드는 방법을 알아낸 거야. 마이클은 구리 선을 감은 관 속에 자석을 밀어 넣어 전류를 만들었어. 아주 간단하지! 어쩌다가 이런 방법을 생각해 냈을까? 마이클이 이전에 무엇을 시도했는지는 나도 모르겠어. 프링글스 통에 펜을 넣어 봤나? 아니면 배수관에 소시지 밀어 넣기?

어쩌다가 그런 방법을 떠올렸는지 몰라도 우리는 여전히 마이클이 했던 것처럼 구리를 감은 관에 자석을 밀어 넣는 방법으로 전기를 생산해. 커다란 발전소에서도 마찬가지야! 고마워요, 마이클!

영국 빅토리아 여왕의 남편 앨버트 공은 마이클 패러데이의 연구에 감동해서 런던에 있는 커다란 집을 선물했어. 그러니까

람보르기니콜라 테슬라

역사에는 유명한 라이벌 관계들이 있지. 마블과 DC, 애플과 안드로이드, 포켓몬과 디지몬, 애덤 케이와 프루넬라 고모할머니. 전기 산업 초기에는 에디슨과 테슬라가 라이벌이었어.

토머스 에디슨Thomas Edison은 전 세계에서 가장 위대한 발명가 중 한 사람이야. 1847년 미국에서 태어났고 모두가 흥분해서 떠들어 대던 새로운 전기의 열성 팬이었어. 그는 전기를 사용해 최초의 필름 카메라를 만들었어! 그리고 최초의 녹음 장치도 만들었지! 그리고 이상한 콘크리트 소파도 만들었어! 뭐, 완벽한 사람은 없으니까. 나만 빼고. 어쨌든 여기서 중요한 건 필름 카메라나 콘크리트 소파가 아니야. 지금 우리는 전기 얘기를 하고 있잖아.

패러데이 덕분에 전기를 생산할 수 있게 되자, 그다음으로 해결할 문제는 발전소에서 사람들의 집으로 전기를 옮겨 오는 방법이었어. 토머스 에디슨은 전선으로 전기를 수송하는 방법을 개발했지. 이걸 줄여서 DC라고 했어. 위에 나온 마블의 라이벌이잖아. ⚡ **사실은? - DC는 '다이렉트 커런트**direct current**'의 줄임말로 '직류'라는 뜻입니다.** ⚡ 에디슨 밑에서 일하던 과학자 중에 니콜라 테슬라Nikola Tesla라는 사람이 있었어. 니콜라는 AC라는 수송 방법을 발견했지. AC가 무슨 뜻인지는 설명 안 해도 알지? ⚡ **사실은? - AC는 '얼터네이팅 커런트**alternating current**'의 줄임말로 '교류'라는 뜻입니**

다. ⚡ 에디슨은 니콜라의 아이디어를 깔보았고 결국 두 사람은 심한 말다툼을 벌였어. 결국 니콜라 테슬라는 에디슨의 회사에서 나와 자기 회사를 차렸지. 그럼 누구의 전기수송 방법이 더 나은지 한번 살펴볼까?

AC ELECTRICITY

교류(AC) 전기
- 수백 킬로미터를 갈 수 있다.
- 도시에서 멀리 떨어진 곳에 발전소를 지을 수 있다.
- 훨씬 더 싸다.

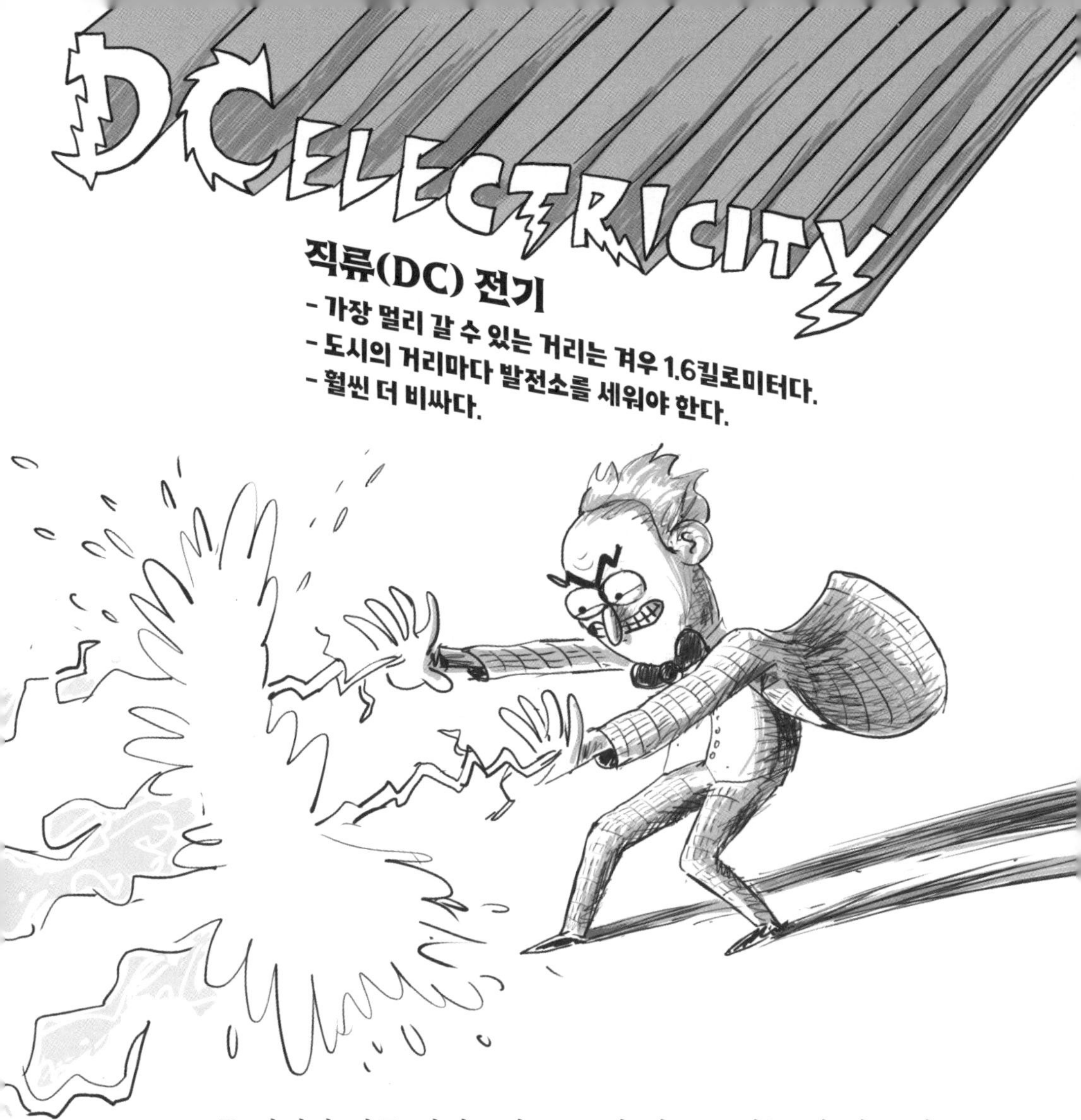

직류(DC) 전기
- 가장 멀리 갈 수 있는 거리는 겨우 1.6킬로미터다.
- 도시의 거리마다 발전소를 세워야 한다.
- 훨씬 더 비싸다.

교류 전기가 직류 전기보다 1500만 배쯤 좋다는 건 너도 알겠지? 그래서 에디슨은 몹시 화가 났어. 그를 더욱 화나게 한 건 자기 회사에서 일하던 별 볼 일 없는 테슬라가 자기보다 훨씬 더 인기를 끌고 있다는 사실이었지. 나도 그게 어떤 기분인지 알아. 이제는 우리 개 피핀이 나보다 팬레터를 훨씬 더 많이 받거든.

⚡ 사실은? - 이건 분명한 사실입니다. ⚡

에디슨은 전국의 모든 가정이 자신의 직류 전기를 쓰게 하려고 간단한 속임수를 썼어. 교류 전기가 아주 위험하다는 소문을 퍼트린 거야. 그걸 증명하기 위해 뉴욕 동물원에 살던 톱시라는 코끼리를 빌려 왔고…… 관객 500명이 보는 앞에서 테슬라의 교류 전기로 톱시를 감전시켰지 뭐야? 사람들은 놀라서 비명을 질렀어. 뉴욕 동물원도 기분이 좋지 않았을 거야. 톱시는 더더욱 그랬을 테고.(내 변호사 나이절의 당부! 무슨 일이 있어도 나쁜 목적으로 코끼리나 다른 동물을 감전시키는 짓은 절대로 해선 안 된대.)

에디슨의 못된 음모는 통하지 않았어. 결국 세상은 교류가 직류보다 더 좋다는 결론을 내렸고 오늘날에도 모든 가정이 교류를 사용하고 있거든. 뿐만 아니라 테슬라는 자기 이름을 딴 자동차를 만들기도 했어. 뭔지 맞혀 볼래? 맞았어. 바로 람보르기니콜라야. ⚡ 사실은? - 저의 데이터에 따르면 이 유머도 통하지 않았습니다. 테슬라 자동차도 니콜라 테슬라의 이름을 딴 자동차일 뿐 니콜라가 만든 게 아닙니다. ⚡

이제 내 로봇 도우미에게 거짓말 탐지기를 켜 보라고 할게. 니콜라 테슬라에 관한 다음 사항 중에서 새빨간 깡총말을 찾아 보렴.

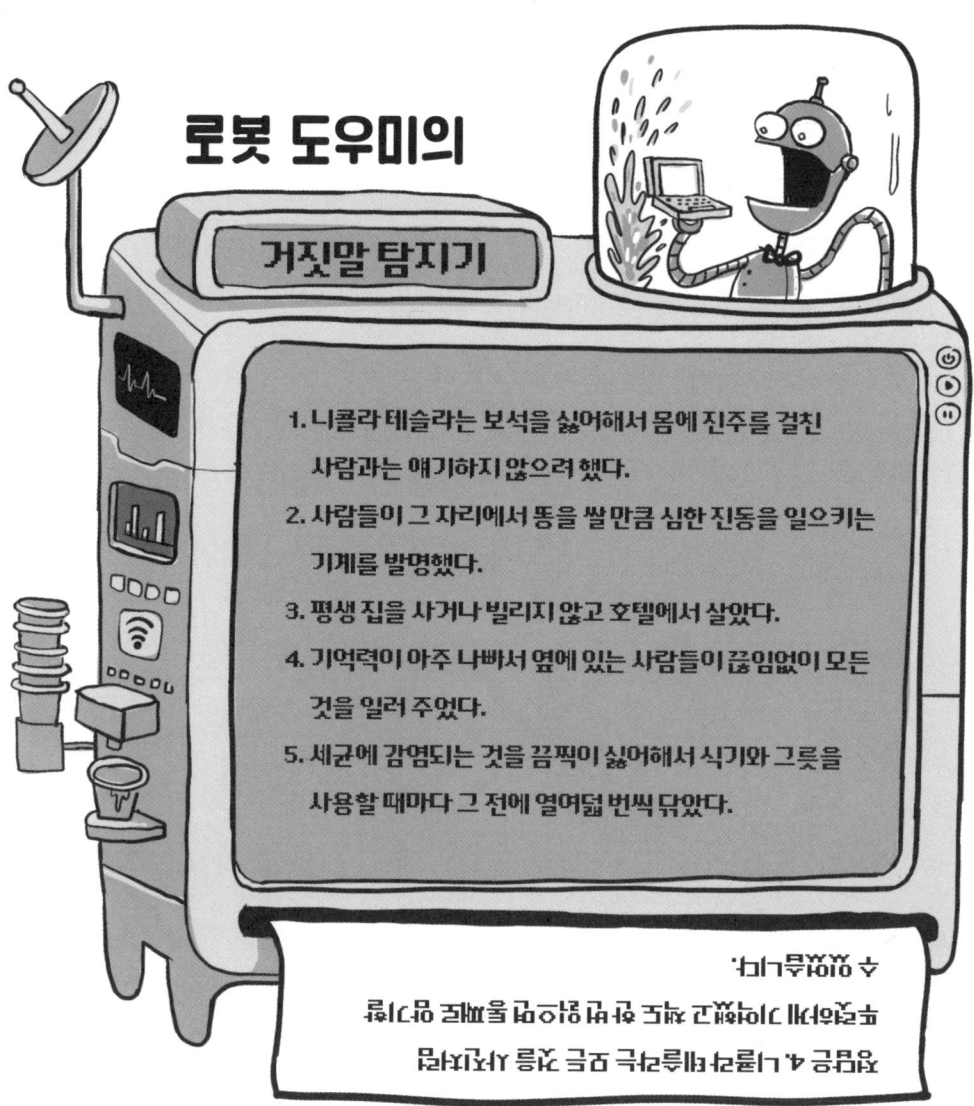

로봇 도우미의 거짓말 탐지기

1. 니콜라 테슬라는 보석을 싫어해서 몸에 진주를 걸친 사람과는 얘기하지 않으려 했다.
2. 사람들이 그 자리에서 똥을 쌀만큼 심한 진동을 일으키는 기계를 발명했다.
3. 평생 집을 사거나 빌리지 않고 호텔에서 살았다.
4. 기억력이 아주 나빠서 옆에 있는 사람들이 끊임없이 모든 것을 일러 주었다.
5. 세균에 감염되는 것을 끔찍이 싫어해서 식기와 그릇을 사용할 때마다 그 전에 열여덟 번씩 닦았다.

정답은 4. 니콜라 테슬라는 오히려 기억력이 너무나 좋아서 발명한 기계를 전부 머릿속에 담아 둘 정도였답니다.

닥터 K 역대급 발명왕

전구의 승승장구

전기를 사용하기 전까지 사람들은 기름등으로 거실을 밝혔어. 하지만 기름등의 한 가지 문제는 툭하면 집을 홀랑 태워 버린다는 거였지. 어느 날 조지프 수염이라는 거대한 과학자를 거느린 백조가…… 아니, 조지프라는 거대한 수염이 달린 백조가 최초의 전구를 발명했어. 이것도 아닌데. 다시 해 볼게. 조지프 스완 Joseph Swan이라는 커다란 수염이 달린 과학자가 최초의 전구를 발명했어. 휴, 영어로 '스완swan'이 백조라는 뜻이라서 헷갈렸지 뭐야. 미안!

조지프 스완이 발명한 건 필라멘트였어. 전구를 들여다볼래? 그러면 그 안에 가느다란 철사가 보일 거야. 전기를 흘려보

내면 빛을 내는 가느다란 철사 말이야. 그게 필라멘트야. 조지프가 발명한 필라멘트는 완벽하지 않아서 전구를 켤 때마다 새로 갈아야 했어. 하지만 어쨌든 공식적으로 그의 집은 세계 최초로 전기를 사용해 불을 밝힌 집이 되었어! 그것도 굉장한 일이긴 하지. 그런데 우리 집은 세계 최초로 애덤 케이 천제 주식회사에서 나온 고무 포크와 나이프를 갖춘 집이야. 이게 훨씬 더 굉장한 일이라는 것 정도는 너도 알겠지?

환하게 푸르게

전기는 모든 면에서 우리 삶을 아주 편리하게 바꿔 놓았어. 그 덕분에 우리는 조명부터 노트북컴퓨터, 라디오, 롤러코스터까지 많은 것을 누리게 되었지. 이제 전기가 없는 삶은 상상하기 힘들게 됐어. 하지만 나쁜 의미로 세상을 영원히 바꿔 놓기도 했어. 우리가 사용하는 전기는 주로 석탄과 가스, 석유 등을 태워서 만드는데, 이런 것들은 환경을 심하게 해치거든. 환경 오염을 일으켜서 지구를 점점 더 뜨겁게 만들어.

그런데 세상이 뜨거워지는 게 '정말' 그렇게 나쁜 일일까? 온도가 올라가서 더워지면 따가운 스웨터를 입을 필요도 없고 아이스크림을 더 많이 먹을 수 있잖아. 그렇다고 해도 지구가 더워지는 게 그리 좋기만 한 소식은 아닌 것 같아. 지구의 온도가 높아지면 빙하가 녹고, 빙하가 녹으면 해수면이 높아져. 그러면 고도가 낮은 섬은 바다 밑으로 가라앉기도 해. 또 큰 홍수가 나기도 하지. 빙하가 녹으면 북극에서 살아가는 북극곰 같은 동물이 살 곳을 잃고 멸종할 수도 있어. 기온이 높아지니까 당연히 가뭄도 많아지고 불도 많이 나겠지. 그리고 태풍이나 허리케인도 더 많이 발생해. 그러다 보면 우리가 식량으로 쓰는 많은 농작물들을 기를 수 없게 될 거야. 결국엔 어느 나라에서도 안전하게 살 수 없게 되겠지. 하지만 너무 걱정 마. 우리가 그런 일을 막을 수 있으니까.

그렇다고 우리 모두가 전기를 포기하고 어둠 속에 살면서 태블릿도 없이 거실에 우두커니 앉아 있거나, 자동

차 대신 말을 타고 다니는 삶으로 돌아가야 하는 건 아니야. 문제는 전기가 아니라 전기를 만드는 방식이거든. 환경을 오염시키지 않고 전기를 만드는 방법은 여러 가지가 있어. 그런 방법을 사용한다면 자연이 고마워하겠지? 그렇다고 고맙다는 편지를 보내지는 않겠지만, 우리는 물속으로 가라앉거나 가뭄 때문에 먹을 게 없어질 걱정을 할 필요가 없을거야. 잘 생각해 보면 그게 고맙다는 편지를 받는 것보다 훨씬 더 좋을걸?

태양열 발전

네가 알고 있는지 모르겠는데 태양은 아주 밝아. 태양 에너지를 1만분의 1만 모아도 전 세계에 충분한 전기를 공급할 수 있어. 1만분의 1은 아주 적은 양이야. **바로 앞의 문장**이 이 책의 1만분의 1쯤 될 거야.

태양 에너지를 활용하자는 아이디어가 완전히 새로운 건 아니야. 1948년에 마리아 텔케스Mária Telkes라는 천재 발명가가 이미 태양열로 난방하는 집을 설계하고 건설했지. 태양 에너지는 집에만 쓸 수 있는 것도 아니야. 놀랍게도 비행기도 띄울 수 있어. 베르트랑 피카르Bertrand Piccard라는 스위스 의사는 태양 에너지만으로 날 수 있는 비행기를 발명했어. 게다가 이 비행기는 무려 16시간 동안 하늘을 날았지. 2016년에는 지구를 한 바퀴 돌기도 했다니까! 베르트랑은 유명한 탐험가 집안에서 태어났어. 할아버지인 오귀스트 피카르Auguste Piccard와 큰할머니

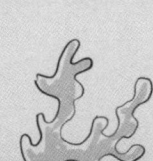

자네트 피카르Jannette Piccard는 둘 다 열기구를 타고 가장 높은 곳에 올라간 사람들로 기록을 세웠어. 아버지인 자크 피카르 Jacques Piccard는 세계에서 가장 깊은 바다인 마리아나 해구에 최초로 내려갔고 삼촌인 장뤼크 피카르는 우주선 엔터프라이즈호의 선장이었지. ➤ 사실은? - 장뤼크 피카르는 영화 속 인물로 오귀스트 피카르의 이름을 딴 허구의 인물입니다. ➤

풍력 발전

바람으로도 지구 전체에 전기를 공급할 수 있어. 하지만 방귀 바람은 아니야. 그러니까 전기 회사에서 너나 피핀을 고용할 일은 없을 거야. 네가 아무리 방귀를 많이 뀐다고 해도 말이지. 풍력 발전용 터빈은 시골이나 바닷가에서 볼 수 있는 키 큰 바람개비야. 여기서 터빈은 바람이나 물 등의 흐름을 유용한 에너지로 전환하는 빙글빙글 도는 기계장치를 말해. 사람들은 바람의 힘을 오래 전부터 사용해 왔어. 풍차 알지? 커다란 바람개비가 달린

집 말이야. 풍차는 바람의 힘을 사용해 곡물을 빻아. 바람이 풍차의 바람개비를 돌리면 거기에 연결된 방아가 위아래로 움직이며 곡식을 빻는 거야. 다시 말해 풍차도 터빈이라고 할 수 있지. 이런 풍차는 1000년 전부터 있었지만, 전기를 생산하는 터빈은 1887년 찰스 브러시Charles Brush라는 미국 발명가가 처음 만들었어. 풍력은 공짜지만 풍력 발전용 터빈을 세우는 데는 엄청난 돈이 들어. 너희 집 마당에 커다란 터빈을 세우고 싶다고? 30억 원이 넘게 들 텐데 괜찮겠니?

수력 발전

오늘날 왕이 있는 나라의 왕자들은 별로 하는 일이 없어. 왕관을 쓰고 다니며 새로운 가게를 열거나 가끔 이상한 책을 쓰는 게 전부야. 그런데 100년 전 이탈리아의 피에로 지노리 콘티Piero Ginori Conti라는 왕자는 세계 최초로 수력을 사용해 전기를 만들었어. 자동차보다 큰 기계로 겨우 전구 네 개를 밝히는 수준이었지만, 어쨌든 모든 일에는 시작이 있는 법이니까. 예를 들어 이 책도 하나의 문장으로 시작해 세계 최고의 책이 되었잖아. ⚡ **사실은? - 이보다 좋은 책은 셀 수 없이 많습니다. 하나하나 적어 보면……** ⚡ 알았어. 그냥 넘어가자.

참일까 똥일까?

최초의 배터리 중에는 개구리 다리로 만든 것도 있다.

참 혹시 네가 개구리라면 이 부분은 건너뛰는 게 좋을 거야. 무서운 이야기를 좋아하는 개구리라면 읽어도 좋아. 1845년 카를로 마테우치Carlo Matteucci라는 이탈리아의 물리학자는 개구리 열 마리의 다리를 모두 잘라서 합치면 약간의 전류가 만들어진다는 사실을 발견했어. 다행히 그 후로 배터리 기술은 크게 발전했지. 그렇지 않았다면 우리는 여전히 리모컨이 작동하지 않을 때마다 개구리를 잡아서 다리를 잘랐을 거야. 겁쟁이 개구리들아, 이제 다시 읽어도 좋아.

과거에는 코털로 전구의 필라멘트를 만들기도 했다.

똥 토머스 에디슨은 온갖 재료로 전구의 필라멘트를 만들어 보았어. 코르크 조각도 써 보고, 코코넛 털이나 실크 섬유, 심지어 직원의 턱수염도 뽑아서 실험했다니까? 만약 내가 그 회사의 직원이었다면 강력하게 항의했을 거야. 어쨌든 에디슨은 코털은 사용하지 않았어. 다행스러운 일이지.

현재 공학자들이 우주에 풍력 터빈을 세우고 있다.

똥 안타깝지만 우주에는 바람이 없어. 자아그의 문어 인간들이 뀐 방귀 바람이라면 모를까. 대신 사람들은 터빈을 줄에 매달아 지상 수백 킬로미터 높이까지 띄워 올리는 계획을 세우고 있어. 그렇게 높은 곳에서는 바람이 훨씬 더 빠르게 불거든. 허공에서 빙글빙글 돌아가는 거대한 연을 떠올리면 비슷할 거야.

케이에게 물어봐

세계에서 가장 비싼 배터리는 얼마일까?

집안 어른이 네 장난감에 들어가는 배터리를 교체하는 데 돈이 너무 많이 들어간다고 잔소리하시니? 그렇다면 이런 배터리는 엄청 저렴한 편이라고 말씀드려. 캘리포니아에는 5만 가구에 전기를 공급하기 위해 세운 크림슨 스토리지 배터리가 있는데, 이 배터리를 만드는 데는 약 9000억 원이 들어갔거든. 하지만 네가 쓰는 배터리처럼 서랍에 넣어 놓을 수는 없을 거야. 축구장 1000개를 합친 것과 비슷한 크기니까.

세계에서 가장 오래 켜져 있던 전구는 얼마나 오래 켜져 있었을까?

뭐, 겨우 100만 시간 정도야. 미국의 어느 소방서에 있는 전구인데, 120년 동안 거의 계속해서 켜져 있거든. 처음에는 눈부시게 밝았는데 이제는 너무 오래돼서 조금 어두워졌어. 우리 프루넬라 고모할머니처럼 말이야.

어떻게 석탄을 태워 전기를 생산할까?

좋은 질문을 했군. 나 말이야. 고마워. 역시 나 말이야. 어쨌든, 우선 석탄에 불을 붙이면 아주 뜨거워져. 그 열기로 물을 끓이지. 끓인 물이 수증기로 변하고, 수증기가 터빈을 돌리는 거야. 터빈이 뭔지 기억 나지? 터빈이 자석을 회전시켜 구리 관에 밀어 넣는데…… 여기서부터는 그 옛날에 페러데이가 전기를 만든 방식과 똑같아.

값비싼 발명

어떤 발명은 돈이 아주 많이 들어. 나도 수프 페인트를 개발하는 데 180만 원이나 썼거든. (지금 애덤 케이 천재 주식회사에서 만나 보세요! 침실을 수프 페인트로 칠하면 한밤에 배가 고플 때 벽을 핥아먹을 수 있답니다!) 때로는 그보다 훨씬 더 많은 돈이 들기도 해. 역사상 가장 많은 돈이 들어간 발명품 몇 가지를 소개할게.

채널 터널

채널 터널은 영국과 프랑스를 잇는 해저 터널을 말해. 영국과 프랑스 사이에는 영불해협이라는 좁은 바다가 있는데, 그곳에 해저 터널을 뚫은 거야. 1994년 이 터널이 뚫리면서 처음으로 영국에서 프랑스까지 기차를 타고 갈 수 있게 되었지. 터널 굴착 기계들이 '굴'을 '착'하고 뚫어준 덕분이었어. **사실은? - '굴착'은 '땅이나 암석 따위를 파고 뚫음'이라는 뜻입니다.** 굴착 기계들은 각자 영국과 프랑스에서 동시에 터널을 뚫기 시작했어. 가운데 지점에서 만났을 때 무척 반가웠을 거야. 그 때 터널을 팠던 굴착 기계 중 한 대는 도저히 끌고 나올 수가 없어서 여전히 그 안에 묻혀 있어. 지금까지 5억 명의 사람과 200만 마리의 개와 고양이가 이 터널을 지나갔어. 피핀도 지나간 적이 있는데, 기차 안에서 똥을 잔뜩 누고는 그걸 먹더라니까. 기차를 먹은 게 아니라 똥을 먹었다고. 채널 터널을 뚫기 위해서 1만 3000명이 6년 동안 고생했고 9조 원에 가까운 돈이 들어갔어. 그 돈이면 크루아상을 엄청나게 많이 사 먹을 수 있을 텐데.

국제 우주정거장

국제 우주정거장의 크기는 축구장과 비슷해. 지상에서 약 400킬로미터 높이의 상공을 돌고 있지. 정말 엄청난 우주 축구장이라니까! ⚡ 사실은? - 축구장이 아니라 우주정거장입니다. ⚡ 아참, 그렇지. 국제 우주정거장은 International Space Station의 머리글자를 따서 ISS라고 불러. 우주비행사들이 우주와 관련된 여러 가지를 연구하는 우주 실험실이지. 예를 들어 이런 문제를 연구해. '우주에 외계인이 있을까?' ⚡ **사실은? - 지금까지 확인된 바로는 없습니다.** ⚡ '무중력 상태에서 수프를 먹을 수 있을까?' ⚡ **사실은? - 먹을 수 있습니다.** ⚡ 국제 우주정거장에는 늘 우주비행사 일곱 명이 생활하고 있고 시속 약 2만 7000킬로미터로 지구 주위를 돌고 있어. 비행기의 30배쯤 되는 속도지. 만약 네가 직접 국제 우주정거장을 만들고 싶다면 용돈을 많이 아껴야 할 거야. 약 200조 원이 들거든. 참, 유지하는 데에도 하루에 17억 원쯤 드니까 이것도 계산에 넣도록. ISS에서는 2000년부터 현재까지 우주비행사들이 끊임없이 실험을 하고 있어. 앞으로도 계속 실험을 하겠지. 하지만 똑같은 우주비행사들이 계속 머무는 건 아니야. 우주에 그렇게 오래 있으면 치과 검진은 언제 받겠니?

변기

세상에서 가장 비싼 변기는 얼마일까? 뭐라고? 아니, 그보다 더 비싸. 뭐라고? 그보다도 더 비싸. 흠, 거기에 100을 곱하면 대충 비슷할걸? 세상에서 가장 비싼 변기는 약 90억 원이거든. 마우리치오 카텔란**Maurizio Cattelan**이라는 이탈리아 조각가가 순금으로 만들었어. 이렇게 비싼데도 온열 시트조차 설치하지 않았다니까? 앉으면 엉덩이가 무척 차갑고 불쾌할 거야. 그래도 써 보고 싶니? 어려울걸. 2019년에 도둑맞았거든. 집에 90억 원짜리 변기가 있으면 아무래도 도둑이 들 위험이 클 거야.

메카의 대모스크

모스크는 이슬람교의 예배 장소야. 메카는 이슬람교의 창시자인 마호메트가 태어난 곳으로, 이슬람교에서는 최고의 성지지. 메카의 대모스크는 세계에서 가장 크고 가장 성스러운 모스크이자 건설하는 데 가장 많은 돈이 들어간 건물이기도 해. 무려 축구장 100개를 합친 크기거든! 그 안에는 200만 명이 들어갈 수 있는데, 한국에 있는 초등학생이 260만 명 정도니까, 이 아이들이 거의 다 들어갈 수 있다는 뜻이지! 그리고 화장실도 1만 3000개가 설치돼 있어! 이걸 다 짓는 데 돈이 얼마나 들었을까? 얼마 안 돼. 겨우 140조 원쯤?

애덤 케이 천재 주식회사

애덤의 짜릿한 전기 양말

발이 시린 것보다 더 괴로운 일이 있을까요? 보통 양말로는 도무지 발이 따뜻해지지 않는다고요? 작은 난로로 발가락을 따스하게 녹여 보세요.*

말도 안 되는 가격! 799,900원(한 짝 가격)

*애덤의 짜릿한 전기 양말은 화재 발생이 잦으니 유의하세요.

2부
집 밖과 그 너머
(Out and About)

자전거와 자동차와 잠수함

건축물
(BUILDING)

실내에서 생활하고 포장된 길로 다니는 걸 좋아하니? 다리로 강을 건너고 차로 터널을 지나고 화장실을 쓰고 나면 꼬박꼬박 물을 내린다고? 그렇다면 이 단원을 꼼꼼히 읽도록. 밖에서 사는 걸 좋아하고 숲에 똥을 누며 길이나 다리, 터널은 절대 이용하지 않는다면 이 부분이 재미없을지도 모르겠네. ⚡ 사실은? – 저의 데이터에 따르면 이 단원이 재미없는 이유는 그것 말고도 700가지쯤 있습니다. ⚡

헨지니어링

헨지henge는 거대한 나무나 돌을 원형으로 만들어 놓은 선사시대의 유적이야. 나는 멋진 헨지에 가는 걸 좋아해. 넌 어떤 헨지가 가장 좋니? 나는 영국의 스톤헨지Stonehenge와 엉덩헨지 사이에서 늘 고민하거든. ⚡ 사실은? – 엉덩헨지는 주인님이 창턱에 놓아둔 엉덩이 모양의 자갈 더미잖아요. ⚡ 스톤헨지는 잉글랜드 남부의 솔즈베리 평원에 있는 원형으로 늘어선 거대한 돌기둥들이야. 5000년 전쯤에 세웠다고 하는데, 그런 걸 왜 세웠는지는 아무도 몰라. 종교 때문이라고 생각하는 사람도 있고 태양과 관련 있다고 생각하는 사람도 있어. 또 어떤 사람들은 고대의 병원 같은 곳이었다고 생각하지. 내가 보기엔 그냥 수천 년 뒤의 우리 같은 사람들을 헷갈리게 하려고 만든 것 같아.

한 가지 확실한 사실은 스톤헨지를 짓는 데 엄청난 노력이 들어갔다는 점이야. 스톤헨지를 이루는 돌들 가운데 가장 무거운 건 25톤에 이르거든. 이층 버스에 하마 네 마리를 실은 것과 비슷한 무게인데, 이런 돌을 40킬로미터쯤 옮겨와서 다른 돌들 위로 올려놓았다니까. 오직 사람의 힘으로 끌고 와서 밧줄만으로 올렸다고 생각하면 믿기 어렵지. 그 시대에는 크레인이나 트럭도 없었을 텐데 말이야. ⚡ 사실은? - 32쪽 이후 처음으로 맞는 얘기를 했네요. ⚡

몇 년 뒤 이집트 사람들은 훨씬 더 놀라운 건축물을 세웠어. (스톤헨지야, 너무 서운해 하지 마.) 바로 기자의 대피라미드 **The Great Pyramid of Giza**야. 거대한 돌이 200만 개 넘게 들어갔고, 높이가 100여 미터에 이르는 영국의 빅 벤 **Big Ben**(런던에 있는

시계탑의 별명이야.)보다 더 높을 뿐 아니라 무게는 점보제트기 5000대를 합친 것보다 더 무겁지. 이집트의 피라미드는 이집트의 왕인 파라오가 죽었을 때 무덤으로 쓰기 위해 짓는 건축물을 말해. 기자의 대피라미드는 쿠푸라는 파라오를 위해 기자라는 지역에 지은 무덤이야. 어쩐지 쿠푸는 허세가 조금 심한 왕이었을 것 같지 않니? 기자의 대피라미드는 처음 지어졌을 때 세계에서 가장 높은 건축물이었고 그 뒤로 거의 4000년 동안 그보다 높은 건축물은 지어지지 않았어. 게다가 지금까지도 무너지지 않았다니까. 이것도 스톤헨지와는 조금 다르지. (이번에도 너무 서운해하지 마, 스톤헨지야.)

대피라미드는 지구상의 놀라운 고대 건축물 일곱 개를 일컫는 '세계 7대 불가사의' 중 하나야. 그리고 그 가운데 지금까지 유일하게 끄떡없이 서 있는 건축물이기도 하지. 나머지 여섯 개는 뭘까? 다음 보기에서 골라 봐.

① 바즐던의 탕탕 정원
② 로도스의 거상
③ 툴루즈의 소똥
④ 피사의 사탑
⑤ 올림피아의 제우스신상
⑥ 할리카르나소스의 영묘
⑦ 맥도날드의 키오스크
⑧ 알렉산드리아의 등대
⑨ 에버랜드의 기념품 가게
⑩ 바빌론의 공중정원
⑪ 아르테미스 신전

혹시 ②, ⑤, ⑥, ⑧, ⑩, ⑪을 골랐니? 불가사의만큼 놀라운데? ①, ③, ④, ⑦, ⑨를 골랐다면 너는 쓰레기통의 엉덩이야. 하지만 솔직히 나는 맥도날드의 키오스크도 세계의 불가사의에 들어가야 한다고 생각해.

건축물

기다리던 다리

먼 옛날의 다리는 아주 단순했어. 강가에 있던 나무가 강물 위로 쓰러져 건너편에 닿으면 사람들은 "멋진 다리가 생겼네!" 하고 외치며 그 위를 걸어 강을 건넜지. 나중에는 쓰러진 나무를 일부러 끌어와서 다리처럼 쓰기도 했고, 나무가 없으면 돌이나 흙더미를 드문드문 놓아서 징검다리를 만들기도 했어. 하지만 물건이 가득 찬 장바구니를 들고 집에 돌아올 때나 이사를 할 때는 좀 더 튼튼하고 안전한 다리가 필요했지. 사람들은 창의성을 발휘해 돌을 쌓아서 다리를 만들기 시작했어. 처음에는 강의 한편에서 건너편까지 아치 모양으로 돌을 쌓은 다음 그 위에 평평한 길을 냈어.

튀르키예의 멜레스 강에는 기네스북에 오른 다리가 있어. 많은 사람이 북극곰 의상을 입고 그 위에서 춤을 춘 것으로 세계 기록을 세웠거든. ⚡ 사실은? - 멜레스 강의 다리는 거의 3000년 전부터 현재까지 사용되는 가장 오래된 다리로 기네스북에 올랐습니다. ⚡ 고대 로마 사람들은 다리를 건설하는 능력이 뛰어났어. 어느 정도로 뛰어났냐면, 그들이 만든 다리 중 많은 수가 오늘날까지도 남아 있을 정도로 뛰어났어. 로마에서는 다리가 지어진 뒤 수년이 지나서도 무너지지 않아야만 건설업자들에게 돈을 주었거든. 돈을 받으려면 다리를 튼튼하게 지을 수밖에 없었지.

오늘날에는 현수교라는 다리도 많아. 아마 너도 본 적이 있을 거야. 현수교는 기다란 막대에 줄을 매달아 놓은 것처럼 보이는 다리거든. 걱정 마. 정말 줄로 매달아 놓은 건 아니니까. 줄처럼 보이지만 사실은 튼튼한 강철 케이블이야. 이 케이블은 한쪽은 높은 탑에 고정하고, 한쪽은 땅속 깊이 박아 놓았어. 그래서

건축물

현수교는 아주 튼튼할 뿐 아니라 옛날 아치 다리보다 훨씬 더 길게 놓을 수 있어. 강철 케이블로 만든 최초의 현수교는 1801년 다리오 실바가 미국 펜실베이니아에 지은 다리야. ⚡ **사실은? - 이 다리를 건설한 사람은 제임스 핀리**James Finley**입니다. 다리오 실바는 옛날 축구선수이고 이 책의 독자 가운데 그의 이름을 들어 본 사람은 0.04퍼센트에 불과합니다.** ⚡ 세계에서 가장 유명한 현수교는 뉴욕의 브루클린교야. 1867년 존 로블링John Roebling이 설계했다가 세상을 떠나는 바람에(이런!) 아들인 워싱턴 로블링Washington Roebling이 뒤이어 건설을 맡았어. 얼마 후 워싱턴도 병에 걸려서(아니, 이런!) 존의 아내인 에밀리 로블링Emily Roebling이 건설을 맡았지. 에밀리는 훌륭하게 다리를 완성했어. 처음 이 다리를 건넌 사람도 에밀리인데, 그때 수탉 한 마리를 안고 건넜어. 뭐, 그럴 수도 있지.

다리 건설로 영국에서 가장 유명한 토목 기사는 이점바드 킹덤 브루넬Isambard Kingdom Brunel이야. 혹시 영국 브리스틀에

있는 클리프턴 현수교에 가 봤니? 그게 이점바드의 작품이야! 잉글랜드 남부의 데번과 콘월을 잇는 로열 앨버트교는? 그것도 이점바드의 작품이야! 대서양을 횡단한 최초의 증기선 그레이트 웨스턴호는 타 봤니? 설마, 아니겠지. 그 배는 1856년에 부서졌거든.

    이점바드(이제는 왜 아무도 영국 아이들에게 이점바드라는 이름을 붙이지 않는 걸까?)는 1806년에 태어나 영국의 대표적인 토목 기사가 되었어. 여기저기 다리를 놓고 배를 만들고 철도도 놓았지. 자동으로 아침 식사를 만들어 주는 기계를 발명한 세라 거피와도 친구로 지내며 많은 연구와 발명을 함께 했어. 이점바드는 역사상 가장 위대한 영국인 100명을 뽑는 투표에서 2위를 차지했어. 1위는 누구였을까? 너희들이 짐작한 대로 당연히 나였지. ⚡ 사실은? -1위는 영국의 총리였던 윈스턴 처칠Winston Churchill입니다. ⚡

이제 내 로봇 도우미에게 거짓말 탐지기를 켜 보라고 할게. 이점바드 킹덤 브루넬에 관한 다음 사항 중에서 새빨간 구름말을 찾아보렴.

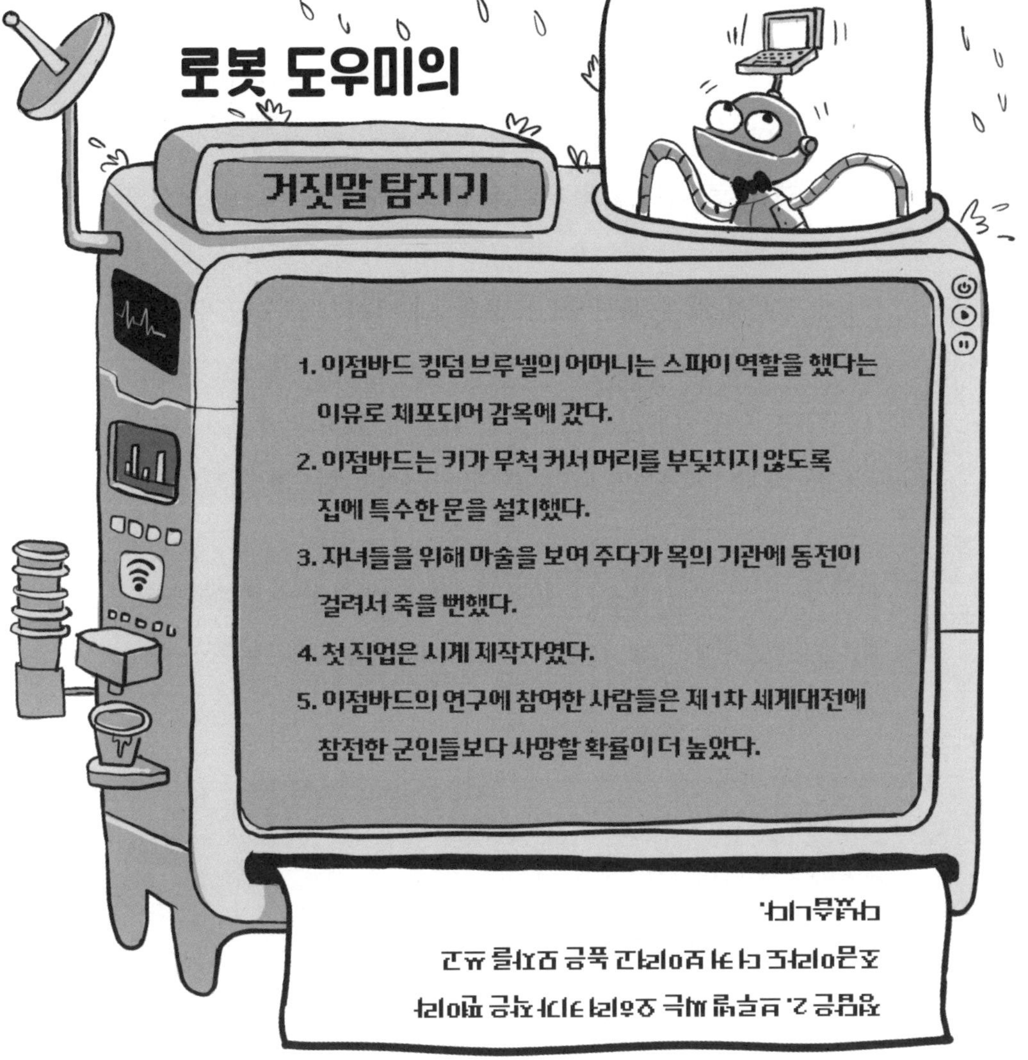

로봇 도우미의 거짓말 탐지기

1. 이점바드 킹덤 브루넬의 어머니는 스파이 역할을 했다는 이유로 체포되어 감옥에 갔다.
2. 이점바드는 키가 무척 커서 머리를 부딪치지 않도록 집에 특수한 문을 설치했다.
3. 자녀들을 위해 마술을 보여 주다가 목의 기관에 동전이 걸려서 죽을 뻔했다.
4. 첫 직업은 시계 제작자였다.
5. 이점바드의 연구에 참여한 사람들은 제1차 세계대전에 참전한 군인들보다 사망할 확률이 더 높았다.

정답은 2. 브루넬은 키가 오히려 작은 편이었다. 그리고 4번이기도 하다. 브루넬의 첫 직업은 공학자였습니다.

(추신: 내 변호사 나이절의 당부! 목에 동전이 걸릴 수도 있는 마술은 절대 해선 안 된대.)

터널은 터트려야 제맛

혹시 너도 나처럼 높은 곳을 무서워한다면 다리를 별로 좋아하지 않을 거야. 중국에는 '용감한 자의 다리'라는 뜻의 '하오한차오'라는 다리가 있는데, 두 절벽 사이에 유리를 놓아 만든 다리야. 나는 이 다리에 절대 가지 않을 거야. 하지만 지하로 갈 수 있다면 무섭게 위로 건너갈 필요가 없잖아. 이번에 무대로 모실 주인공은…… 바로 터널이야!

터널이 세상에 존재한 지는 우리 프루넬라 고모할머니보다도 훨씬 더 오래됐어. 동굴에서 생활하던 혈거인 중에는 동굴이 너무 작다며 곡괭이를 들고 터널을 파는 사람도 있었으니까. 약 3000년 전 고대 페르시아(지금의 이란) 사람들은 호수와 우물의 물을 필요한 사람에게 수송해 주는 카나트qanat라는 터널을 만들기도 했어. 터널은 땅속에 있어서 ⚡ **사실은? - 이건 세 살짜리 아이도 아는 기본 상식입니다.** ⚡ 물이 증발할 염려가 없었지. 카나트는 사람

들이 손으로 직접 팠는데 하루에 팔 수 있는 깊이는 겨우 5밀리미터였어. 5밀리미터는 겨우 이만큼이야. **사실은? - 이만큼이 얼마만큼이죠?** '이' 만큼. '이'라는 글자만큼이라고.

훗날 사람들은 암석을 폭파하면 구멍을 낼 수 있다는 사실을 깨달았어. 500여 년 전 사람들은 화약으로 암석을 터뜨려서 구멍을 내기도 했지. 이건 꽤 괜찮은 방법이었어. 그 화약 때문에 우연히 날아가는 사람이 몇 명인지 굳이 세어 보지 않는다면 말이야. 그걸 알고 나자 화약을 터뜨리는 게 그리 괜찮은 방법이 아니라는 사실을 깨달았지.

1807년에 잉글랜드 콘월 출신의 리처드 트레비식**Richard Trevithick**이라는 레슬링 챔피언이 런던 템스강 아래에 터널을 뚫기 시작했어. 그런데 도중에 터널이 무너져서 물이 들어오는 바람에 하마터면 죽을 뻔했지 뭐야. 아무래도 그는 레슬링이나 계속하는 게 나았을 것 같아. 그로부터 16년 뒤, 마크 브루넬**Marc Brunel**이라는 공학자가 자기도 한번 해 보기로 결심했어. 아니,

레슬링 말고. 런던 템스강 아래에 터널을 뚫는 일 말이야. 그나저나 마크의 성이 이점바드와 똑같은 브루넬이라니, 굉장한 우연이지! ⚡ **사실은? - 마크 브루넬은 이점바드 킹덤 브루넬의 아버지입니다.** ⚡ 그렇구나. 어쨌든 아버지 브루넬은 터널 붕괴를 막는 영리한 방법을 생각해 냈고, '방패'라는 뜻의 '실드shield'를 넣어 실드 공법이라는 이름을 붙였어. 커다란 기계로 지붕을 먼저 밀어 넣어 그 위의 흙이 무너지지 않게 지탱하게 하는 방법이었지. 매일 사람들이 수백 명씩 몰려와 돈을 내고 그 기계를 구경했으니 꽤 흥미로웠던 모양이야. 내 생각에는 텔레비전이 없던 시대라 그랬던 거 같아. 마침내 1843년 사람들에게 템스 터널(런던의 로더하이드와 워핑 사이)이 공개되었고, 세계에서 가장 인기 있는 관광지가 되었어. 처음 석 달 동안 이 터널을 걸어서 지나간 사람이 100만 명이 넘었다니까. 앞에서 말했듯이 그 시대에는 텔레비전이 없었으니까. 오늘날에도 런던에서 이스트런던선이라는 지하철을 타면 아버지 브루넬이 만든 터널을 지나갈 수 있어. ⚡ **사실은? - 런던 지하철이 실제로 지하로 다니는 구간은 전체의 절반도 안 됩니다.** ⚡

지금은 최고 인기 프로그램 왁스 가위 얼굴이 방영 중입니다.

그로부터 20년 후, 스위스 화학자인 알프레드 노벨 Alfred Nobel은 좀 더 효과적으로 터널을 뚫는 방법을 찾아냈어. 1867년에 알프레드는 니트로글리세린이라는 위험한 화학물질을 실리카와 혼합했어. 신발을 사면 상자 안에 '실리카겔 – 먹지 마시오.'라고 적힌 조그만 봉투가 있지? 그 안에 작은 알갱이가 들어 있잖아. 바로 그 실리카를 혼합한 거야. ⚡ **사실은? - 실리카는 모래에서 얻을 수 있습니다.** ⚡ 그런 다음 이 혼합물을 기다란 통에 넣고 옆면에 다이너마이트라고 썼어. 이것의 이름을 맞혀 볼래? 앗, 어떻게 알았지?

찬물 끼얹기
7/10
'파워'를 뜻하는 그리스어 '디나미스(DYNAMIS)'에서 온 훌륭한 이름이야.

하지만 사람들이 이 멋진 발명품을 터널을 뚫는 데 쓰지 않고 전쟁에서 적을 날려 버리는 데 사용하자 알프레드는 몹시 화가 났어. 그래서 다이너마이트로 벌어들인 돈을 훌륭한 과학자나 작가에게 특별한 상을 주는 데 쓰기 시작했지. 맞아. 바로 노벨상이야. 알프레드는 세상을 폭파하는 대신 세상을 발전시킨 사람들에게 상을 준 거야. 훌륭한 영화를 만든 사람들에게도 아카데미상을 주잖아. 나는 지금까지 노벨상을 열다섯 번 탔어.

⚡ 사실은? - 주인님이 받은 상은 아래의 상 하나뿐입니다. ⚡

도로에 관한 이모저모

도로는 어디서 발명되었을까?
① 마루
② 우르
③ 신기루

정답은 ②야. 맞혔다면 아이스크림을 27개 먹어도 좋아. (내 변호사 나이절의 당부! 절대 그래선 안 된다고 꼭 전해 달래.) 최초의 도로는 약 6000년 전, 지금의 이라크에 있는 우르라는 곳에 건설되었어. 이 도로는 진흙 벽돌로 만들었지. 진흙 벽돌은 진한 똥으로 만든 벽돌이야. ⚡ **사실은? - 진흙 벽돌은 진흙으로 만든 벽돌입니다.** ⚡ 이 벽돌 중에는 마르기 전에 말썽꾸러기 개가 그 위를 걸어 발자국을 남긴 것도 있어. 피핀의 할머니의 할머니의 할머니의 할머니의 할머니의 할머니의 할머니의 할머니의 할머니의 할머니의 할머니의 할머니의 할머니의 할머니의 할머니의 할머니 발자국일 거야.

로마인들은 아주 멋진 도로망을 만들었어. 그들은 크기가 다양한 수많은 돌을 가져다가 잘게 부숴서 표면이 매끈한 도로를 만들었지. 그들이 만든 다리와 마찬가지로 그 시대에 건설된 도로 가운데 많은 것이 오늘날까지 남아 있어. 로마인들은 또한 비가 많이 와도 빗물이 빠르게 빠져서 홍수가 나지 않도록 도로 옆쪽을 비스듬하게 만들기도 했어. 심지어 가장 가까운 도시까지의 거리를 알려 주는 도로 표지판도 세웠다니까? 그 덕분에 마차 뒷자리에 탄 로마의 '푸에리'와 '푸엘라이'는 끊임없이 "아직 멀었어요?"라고 물을 필요가 없었지. 사실은? - '푸에리'와 '푸엘라이'는 로마에서 쓰던 라틴어로 '소년들'과 '소녀들'을 뜻합니다. 우리말보다 라틴어를 더 잘하다니 당황스럽네요.

*고대 로마에서 쓰던 작은 칠판도 '태블릿'이라고 불렀거든.

차도

세계 최초의 차도는 1924년에 이탈리아와 독일에서 만들어졌어. 그때쯤 사람들은 차를 타고 느릿느릿 달리는 게 지겨워졌거든. 영국에서는 1959년 11월의 어느 날, 주요 차도 세 개가 한꺼번에 개방되었어. 그중 하나는 M1이야. 나머지 두 개의 이름을 맞혀 볼래? 응? 틀렸어. 'M10'과 'M45'야.

찬물 끼얹기 **3/10** 숫자가 제멋대로잖아.

고양이 눈

밤에 차를 타고 도로를 달리다 보면 차선에서 반짝거리는 작은 구슬들이 보일 거야. 이 야간 반사 장치는 '캣츠아이Catseye', 즉 '고양이 눈'이라고 불러. (한국에서는 길반짝이라고 부른다고 하네.) 1933년 영국의 퍼시 쇼Percy Shaw라는 사람이 발명했지. 어느 날 밤, 퍼시가 차를 몰고 가는데 안개가 잔뜩 끼어서 앞을 보기가 어려웠어. 그러다가 자동차의 전조등 불빛이 고양이의 눈에 반사되었지. 그는 도로에 이런 반사 장치를 설치하면 운전자들이 차선을 유지하는 데 큰 도움이 될 거라고 생각했어. 그래서 작은 고무 안에 빛을 반사할 수 있는 유리관을 넣고 도로에 박는 장치를 설계했어. 그 덕분에 운전자들은 한결 안전해졌지.

나도 이름이 있거든?

피터 부스스 털뭉치 3세

현재 영국에는 5억 개가 넘는 캣츠아이가 설치돼 있어. 만약 퍼시의 자동차 전조등이 젖소 엉덩이에 반사되었다면 지금 고양이 눈 대신 젖소 엉덩이가 5억 개 넘게 설치되었겠지? 그럼 도로가 훨씬 더 재미있었을 텐데 아쉽네.

> 찬물 끼얹기
> **8/10**
> 거리를 재미있게 만들어 주는 이름이잖아.

얼룩말 횡단보도

얼룩말 무늬 같은 흑백 줄무늬 횡단보도는 1951년 영국 런던 근처에 있는 슬라우라는 도시에서 처음 만들었어. 길을 건널 때 더 안전하게 건너려고 만든 거였지. 얼룩말 횡단보도라는 이름은 훗날 영국의 총리가 되는 제임스 캘러헌 James Callaghan이라는 사람이 붙였어. 제임스는 이 최초의 횡단보도를 보고 얼룩말의 무늬와 비슷하다고 생각했거든. 그 밖에도 영국에는 (양쪽에 커다란 신호등이 있어서 보행자가 버튼을 누르면 초록불이 들어오는) 펠리컨 횡단보도와 (사람과 자전거가 모두 건널 수 있는) 투칸('둘 다 할 수 있다'는 뜻의 two can에서 유래했고 toucan이라고 써.) 횡단보도, (말이 건널 수 있는) 페가수스 횡단보도, **사실은? - 전부 사실입니다.** (커다란 원숭이도 건널 수 있는) 빅풋 횡단보도가 있어. **사실은? - 이건 사실이 아닙니다.**

하늘에 닿기를

만약 도심에 커다란 사무실을 마련해야 하는데 그럴 만한 땅이 없다면 어떻게 할까? 그야 당연히 거대한 지하 동굴을 파야지. ⚡ **사실은? - 높은 건물을 지어야 합니다.** ⚡ 실제로 아주 높은 고층 건물이 처음 지어진 것은 겨우 150년 전이야. 이렇게 늦어진 이유는 딱 하나, 바로 게으름이지. 건물을 짓는 사람들이 아니라 건물을 쓰는 사람들이 게을렀기 때문이야. 342층을 계단으로 올라가고 싶은 사람이 어디 있겠니? 그래서 아주 영리한 발명품이 등장하기 전까지는 높은 건물을 지을 수 없었어. 그 영리한 발명품이 뭘까? 그야 당연히 우주인들이 등에 메는 제트팩이지. ⚡ **사실은? - 승강기입니다.** ⚡ 과거에도 승강기를 만든 적이 있기는 해. 예를 들어 1743년 프랑스의 왕이었던 루이 15세는 발코니로 나갈 때 계단을 오르기가 귀찮아서 궁전에 '나는 의자'를 설치했어. 하지만 의자에 탄 사람이 직접

도르래를 돌려야 했으니 차라리 계단을 오르는 편이 나았을지도 몰라.

그 뒤로 사람들은 승강기를 힘들이지 않고 위로 끌어올리는 다양한 방법을 연구하기 시작했어. 증기의 힘으로 작동하는 승강기도 시도해 보았고 고압의 물을 사용하는 승강기도 시도했지만 획기적인 아이디어가 나온 것은 1880년이었어. 독일의 베르너 폰 지멘스 Werner von Siemens가 최초의 전기 승강기를 발명했거든.

이거…… 끙, 엄청…… 끙, 편리…… 하군…….

승강기는 커다란 상자를 줄에 매달아 놓은 위험한 장치이지만 엘리샤 오티스 Elisha Otis라는 사람 덕분에 이제는 아주 안전한 장치가 되었어. 엘리샤는 1850년대에 줄이 끊어져도 승강기가 추락하지 않게 해 주는 안전장치를 설계했거든. 그는 이 안전장치를 시험하기 위해 직접 승강기에 탄 뒤 도끼를 든 남자에게 줄을 끊어달라고 부탁했는데…… 줄이 끊어진 뒤에도 승강기는 떨어지지 않고 멈춰 있었어. 엘리샤 오티스는 자신의 이름을 딴 오티스 Otis라는 회사를 세웠지. 이 회사는 지금도 승강기를 만들고 있어. 오티스의 승강기를 타는 사람은 하루에 약 20억 명이야. 다행히 이제는 도끼로 승강기의 줄을 끊는 실험을 하지는 않을 테니 안심해.

아주 높은 건물을 한자로 '마천루'라고 하는데 '하늘을 만지는 집'이라는 뜻이야. 하늘에 닿을 듯 높다는 얘기지. 최초의 마천루는 1885년 시카고에 지어진 주택 보험 건물이었어. 하지만 이 건물은 하늘에 닿지는 않았을 거야. 겨우 10층이었거든. 오늘날 세계에서 가장 유명한 마천루 몇 개를 꼽아 보면 뉴욕의 엠파이어 스테이트 빌딩 The Empire State Building과 크라이슬러 빌딩 The Chrysler Building, 런던의 더 샤드 The Shard와 거킨 The Gherkin 등이야. 샤드는 '유리 파편', 거킨은 오이의 한 종류를 뜻해. 건물 모양을 보니 꽤 그럴듯한 이름이지? 세계에서 가장 높은 건물을 지으려는 경쟁은 오랫동안 계속되었고, 사람들은 꾸준히 더 높은 건물을 짓고 있어. 이 책을 쓰는 지금, 세계에서 가장 높은 건물은 두바이에 있는 부르즈 할리파 The Burj Khalifa야. 160층이 넘고 세계에서 가장 높은 곳에 위치한 식당이 있지. 계단으로 맨 위층까지 올라가려면 1시간 30분이 걸려. ⚡ **사실은? - 주인님의 건강 데이터를 종합한 결과, 주인님은 2분 9초 만에 포기할 겁니다.** ⚡ 앞으

거킨

방울토마토 빌딩

더럽고 오래된 치즈 조각 빌딩

더 샤드

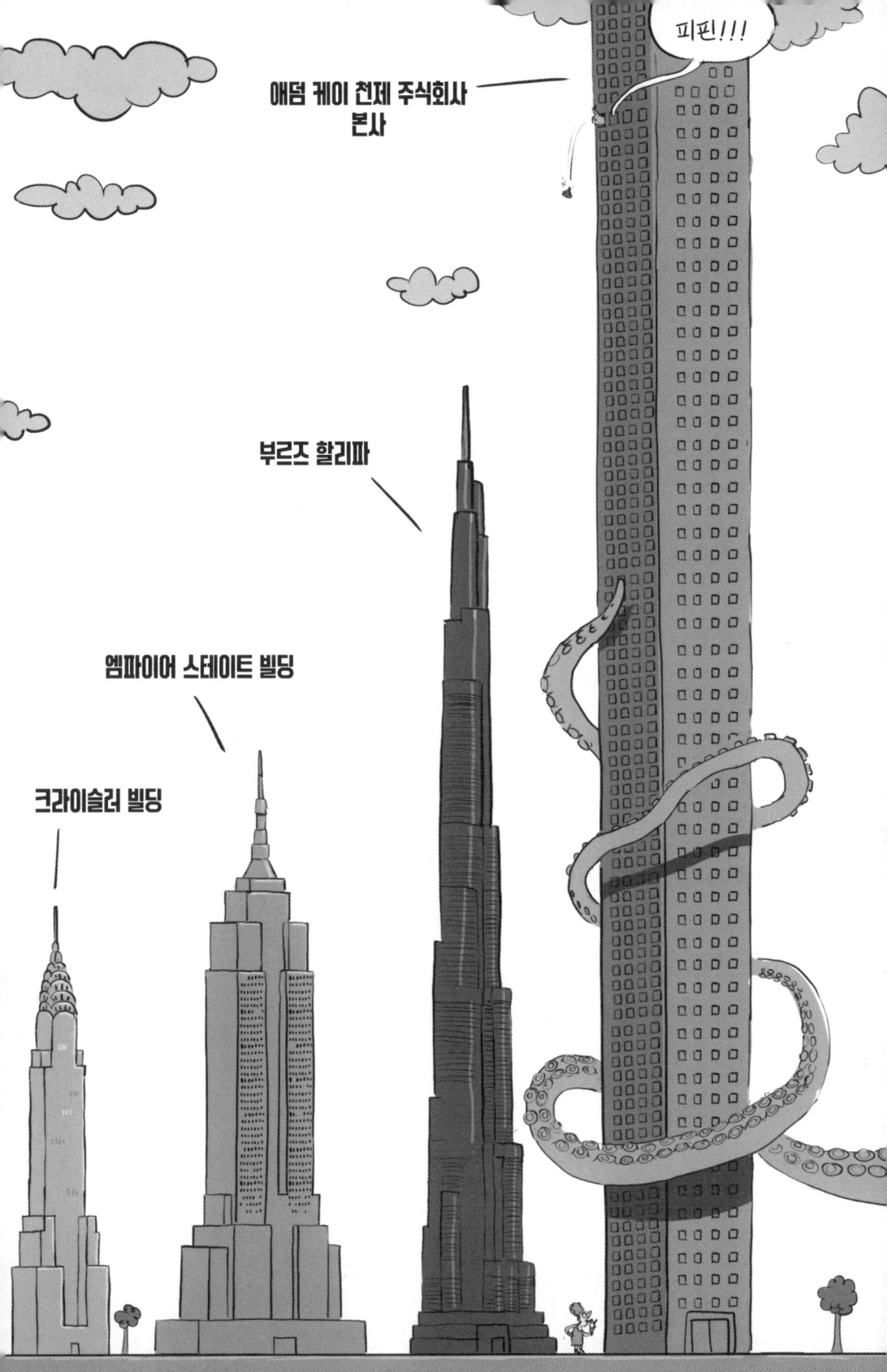

로 30년 뒤 세계에서 가장 높은 마천루의 높이는 아마 1.6킬로미터가 넘을 거야. 자아그의 문어 인간들이 쓰러뜨리지만 않는다면 말이야.

똥 따라가자!

네 몸을 간단히 표현하면 음식을 똥으로 바꾸는 기계야. 기분 나빠하지 마. 너뿐만 아니라 누구나 그렇거든. 네 몸도 그렇고 BTS의 몸도 그렇고 왕의 몸도 그래. 네가 1년 동안 만들어 내는 똥은 약 150킬로그램이야. 커다란 판다 한 마리의 무게와 비슷하지. 그러니까 그 많은 똥을 처리하는 곳이 꼭 있어야 하겠지? 이런 일을 해 주는 것이 바로 하수도야. 변기의 물을 내리면 모든 게 흘러내려 가는 지하의 커다란 관 말이야. 욕실의 발명품들과 함께 살펴봤으니 기억할 거야.

▶ 사실은? - 기억할 확률은 3퍼센트입니다. ◀

세계 최초의 하수도는 5000년 전 지금의 파키스탄에 있던 모헨조다로Mohenjo-Daro라는 도시에서 만들어졌어. 안타깝게도 런던이 이 고대 도시를 따라잡기까지는 조금 시간이 걸렸지. 런던 사람들은 땅에 커다란 구덩이를 파서 그 안에 똥을 누었고, 그 구멍이 가득 차면 새 구덩이를 팠거든. 그러다 보니 결국 도시 전체가 거대한 똥 바다가 되었지. 길거리든 강이든, 어디나 똥이 가득했어. 피핀에게는 꿈같은 곳이겠지만

그런 곳을 좋아하는 인간은 아무도 없었어. 게다가 장티푸스와 콜레라 같은 끔찍한 병이 퍼지기도 했거든. 1858년, 유난히 더운 여름이 찾아오면서 상황이 더 악화되었어. '대악취'라는 말이 생겨날 정도였지. 악취가 얼마나 심했던지 길거리에서 기절하는 사람도 있었다니까. 아마 기절하면서 커다란 똥 무더기 위로 쓰러졌을 거야.

  영국 정부는 런던에 적절한 하수도 시설이 필요하다고 결정하고 조지프 바절게트Joseph Bazalgette라는 사람에게 그 일을 맡겼어. 그의 이름에서 알 수 있듯이 조지프 바절게트는 바게

트를 발명한 것으로 유명한 사람이야. ⚡ **사실은? - 유명한 공학자입니다.** ⚡ 조지프는 런던 지하에 1600킬로미터가 넘는 하수도를 만들었고 오늘날에도 런던 사람들은 이 하수도를 사용하고 있지.

혹시 점심에 먹은 게 아직 소화되지 않았다면 다음 부분은 읽지 않는 게 좋을 거야. 괜찮겠니? 그럼 계속할게.

오늘날 하수도는 팻버그 때문에 막히기도 해. 팻버그는 요리용 기름과 젖은 냅킨 같은 것이 뒤엉켜 바위처럼 단단하게 뭉쳐 있는 커다란 덩어리야. 팻버그가 생기는 까닭은 사람들이 싱크대에 기름을 흘려보내고 휴지통에 넣어야 할 쓰레기를 변기에 잘못 넣기 때문이지. 2017년, 런던에서는 역사상 가장 큰 팻버그가 발견됐어. 길이가 축구장의 두 배에 달하는 엄청난 오물 덩어리였지. 무려 여덟 사람이 꼬박 3주 동안 치워야 했다니까.

참일까 똥일까?

스페인에는 얼룩말 횡단보도 대신 젖소의 얼룩무늬가 그려진 젖소 횡단보도가 있다.

참 스페인에는 아코루냐 A Coruña라는 도시가 있는데, 젖소가 100만 마리쯤 있어서 전국에서 우유를 가장 많이 생산하는 도시야. 그곳 사람들은 젖소를 무척 자랑스러워 해. 그래서 젖소의 얼룩무늬를 바닥에 그려 젖소 횡단보도를 만들었지. 아무리 생각해도 이건 아주 현명한 아이디어인 것 같'음메'.

에펠탑의 크기는 계절에 따라 다르다.

참 에펠탑 알지? 프랑스 수도인 파리 한가운데 아무렇게나 던져놓은 거대한 송전탑 같은 구조물 말이야. 구스타브 에펠 Gustave Eiffel이라는 공학자가 1887년에 지었지.(이 사람은 미국의 자유의 여신상 건설에도 참여했어.) 어쨌든 금속은 날이 뜨거워지면 부피가 조금 늘어나는 성질이 있어. 그렇다고 네 방 열쇠가 열쇠 구멍에 안 들어갈 정도로 커지는 일이 생기진 않아. 눈곱만큼, 1퍼센트의 1퍼센트도 안 될 만큼 아주 조금 커져. 그런데 에펠탑은 워낙 크잖아? 그래서 눈곱만큼 커진다고 해도 열쇠가 커지는 것보다는 훨씬 커져. 여름에는 겨울보다 15센티미터쯤 길어지지. 치약 하나만큼 길어지는 셈이야.

스코틀랜드의 철도교인 포스교는 너무 길어서, 처음부터 끝까지 페인트를 다 칠하고 나면 처음으로 돌아가 칠이 벗겨진 부분을 다시 칠해야 한다.

똥 포스교는 애든버러와 파이프라는 두 도시를 잇는 철도교야. 이 다리가 처음 건설되었을 때 세계에서 가장 긴 철교라서 이런 소문이 돌긴 했지만 사실이 아니야. 마지막으로 페인트칠을 할 때, 칠이 잘 벗겨지지 않는 특수 코팅을 했기 때문에 앞으로 30년은 거뜬할 거야.

케이에게 물어봐

차로 지나갈 수 있는 터널 가운데 세계에서 가장 긴 터널은?

노르웨이의 레르달 터널은 24킬로미터가 넘어. 걸어서 통과하려면 5시간쯤 걸릴 거야. 이 터널을 만들 때 파낸 암석을 모두 쌓아 올리면 엠파이어 스테이트 빌딩의 거의 세 배 높이가 돼.

실제로 쌓을 필요는 없었어.

진작 얘기를 해 줬어야지.

영국은 언제부터 신호등을 사용했을까?

영국 최초의 신호등은 1868년에 국회의사당 옆에 설치되었고 붉은색과 초록색 가스등으로 만들었어. 이 신호등은 별로 인기를 끌지 못했는데, 이유는 두 가지였어. 첫째, 자동이 아니라서 경찰관이 24시간 옆에 서서 빨간불을 초록불로, 초록불을 빨간불로, 다시 초록불로, 다시 빨간불로, 다시 초록불로 바꿔 줘야 했거든. 그리고 둘째, 가끔 폭발해서 경찰관이 다치기도 했어. 영국 최초의 자동 신호등은 1927년 잉글랜드 서부의 울버햄프턴이라는 도시에 설치됐어. 이 신호등은 가스보다는 자주 폭발하지 않는 전기를 사용했지.

런던의 타워교는 왜 특별할까?

방귀로 "생일 축하합니다" 노래를 부를 수 있거든. ⚡ 사실은? - 타워교는 위로 열려서 그 아래로 배가 통과할 수 있게 만든 다리입니다. ⚡ 타워교는 400명이 8년 동안 힘을 합쳐 지었고 벽돌 3000만 장과 강철 1만 톤이 들어갔어. 1만 톤이면 지구에서 가장 큰 동물인 흰긴수염고래 60여 마리를 합친 무게야. 1952년 앨버트 건터라는 버스 운전사가 버스로 이 다리를 한창 달리고 있을 때, 세상에! 다리가 열리기 시작했지 뭐야! 버스를 돌리기에는 너무 늦었기 때문에 앨버트는 최대한 속도를 내서 벌어진 틈을 뛰어넘었어. 액션 영화 주인공처럼 말이야! 당장 이 얘기로 영화 대본을 써야겠다. 다음 단원에서 만나.

스포츠계의 발명

인간은 아주 오래전부터 스포츠를 즐겼어. 1만 5000여 년 전 동굴에 살던 사람들도 달리기 경주와 레슬링 시합을 했거든. 그 사람들의 인스타그램을 보면 알 수 있지. **#동굴레슬링 #승자 #이겨라** ⚡ 사실은? - 동굴 벽화로 알 수 있습니다. ⚡

올림픽

먼 과거에 가장 큰 스포츠 행사는 올림픽이었어. 약 3000년 전에 시작된 올림픽은 그리스의 올림피아라는 곳에서 4년에 한 번씩 열렸어. 올림피아에서 올림픽이 열리다니. 어떻게 이런 우연이! ⚡ **사실은? - 우연이 아닙니다. 올림피아에서 시작되어 올림픽이라는 이름이 붙은 겁니다.** ⚡ 그 당시에도 오늘날 우리가 즐기는 올림픽과 비슷하게 권투와 승마, 달리기, 창던지기 등 다양한 종목이 있었어. 오늘날의 올림픽과 한 가지 큰 차이가 있다면 그때는 모두가 알몸으로 경기에 참가했다는 거지. 그 시대에는 옷을 입지 않으면 더 빨리 달릴 수 있다고 생각했거든. 창던지기 선수들은 특히 불안하지 않았을까? 옷을 입는다고 크게 다르진 않았겠지만 말이야. 고대 올림픽은 몇백 년 동안 열리다가 사라졌어. 모두들 싫증이

났거나 깜빡했거나 아니면 누군가가 "알몸으로 창을 던지는" 규칙에 항의한 거 아니었을까? 이후 1896년에 피에르 드 쿠베르탱 Pierre de Coubertin이라는 사람이 올림픽을 부활시켜 오늘날까지 이어지고 있지.

동계 올림픽은 겨울에 열리는 올림픽이야. 펭귄들에게도 메달을 딸 수 있는 기회를 주기 위해 ➤ 사실은? - 에휴. ➤ 1924년부터 시작되었어. 이후 1960년에는 장애인들을 위한 패럴림픽 Paralympics이 시작되었지. 여름에 열리는 하계 올림픽의 종목은 총 33개인데, 똥던지기를 추가하자는 내 제안이 받아들여지면 34개가 될 거야.

축구

4000년 전 중국에는 손을 쓰지 않고 그물망 안에 공을 넣는 경기가 있었어. 어디서 많이 들어 본 경기 같지 않니? 중앙아메리카에서는 공을 헝겊에 싸서 기름을 먹인 뒤 불을 붙여서 '불공'으로 시합을 했어. 내가 그곳에 살았다면 체육 시간에 빠지기 위해 엄마인 척 편지를 썼을 거야. 1838년 영국의 케임브리지에서 몇몇 사람들이 둘러앉아 축구의 경기 규칙 몇 가지를 정했지. 이때 케임브리지에서 정한 규칙이 오늘날 축구 규칙의 기본이 된 거야. 예를 들면 경기하는 팀은 서로 다른 색의 옷을 입어야 한다거나, 스로인과 골킥은 언제 하는가 등의 규칙이었어. 내가 응원하는 팀이 최고라는 것도 그 규칙 중 하나야. ⚡ **사실은? - 주인님이 새로운 규칙을 넣은 것 같네요.** ⚡

농구

학교 다닐 때 나는 추운 겨울에 밖에 나가 시합을 하라고 하면 불평을 쏟아 내곤 했지만 결코 선생님들을 이길 수는 없었어. 그래서 손가락에 동상이 걸리고 덜덜 떨다가 코가 떨어져 나가기 일쑤였지. ➤ 사실은? - 그건 아니죠. ➤ 그런데 1891년에 제임스 네이스미스 James Naismith라는 선생님에게 체육을 배우던 미국 학생들은 나보다 불평을 훨씬 더 잘했던 모양이야. 제임스 선생님은 학생들이 밖에 나가지 않고도 건강을 유지할 수 있도록 실내에서 할 수 있는 운동을 발명했거든. 그 운동이 바로 농구야! 처음에는 지금 우리가 쓰고 있는 네트 대신, 복숭아를 담을 때 쓰는 바구니를 벽에다 박아 놓았어. 거기에 공을 던져서 넣으면 되는 운동이었지. 문제는 공이 들어갈 때마다 누군가가 사다리를 타고 올라가 바구니에서 공을 꺼내 와야 했다는 거였지. 이런 일이 귀찮아지자 제임스 선생님은 결국 바구니의 밑면을 뚫어 버렸고, 오늘날과 비슷한 농구 골대가 되었지.

운동화

과거 사람들은 운동 경기를 할 때, 학교나 일터에 신고 가는 불편한 가죽 구두를 신거나 맨발로 뛰었어. 1870년대가 돼서야 튼튼한 고무 밑창을 덧댄 헝겊 신발을 신으면 발이 상하지 않고 더 빨리 달릴 수도 있다는 사실을 깨달았지. 1917년에는 마르키스 컨버스 Marquis Converse라는 사람이 농구 선수들을 위한 특수 신발을 발명했어. 그 신발의 이름은…… 맞았어. 나이키야. ⚡ **사실은? - 컨버스죠.** ⚡ 나이키 얘기가 나와서 말인데, 나이키가 성공한 건 와플 기계 덕분이었어. 나이키의 창립자들 가운데 빌 바우어만Bill Bowerman이라는 사람은 어떻게 하면 미끄러지지 않는 운동화를 만들까 고민하다가 아내가 쓰던 와플 기계에 액체 고무를 부어 봤지. 와플 모양의 격자무늬 고무판이 완성되자 그것을 운동화 밑창으로 사용했어. 나이키사의 슬로건인 '저스트 두 잇Just do it'은 '무조건 해'라는 뜻이잖아. 이건 새 와플 기계를 사 오라는 아내의 말에 빌 바우어만이 싫다고 하자 아내가 그에게 한 말이야. ⚡ **사실은? - 아닙니다.** ⚡

애덤 케이 천재 주식회사

애덤의 체계적인 체온조절 티셔츠

환한 햇볕을 쬐며 티셔츠를 입고 나갔는데 갑자기 눈이 와서 당황한 적이 있나요? 그럴 때 애덤의 체계적인 체온조절 티셔츠를 입어 보세요. 자동으로 소매가 길어져서 팔을 끝까지 덮어 주고 점점 두꺼워져 폭신한 스웨터가 된답니다.*

말도 안 되는 가격! 4,999,900원!
(AA 건전지 48개 별도)

*현재 디자인은 '나는 지독한 냄새를 풍겨요'라는 글자가 앞뒤에 커다랗게 찍힌 것 한 가지뿐이니 구매할 때 유의하세요.

찾아보기

ㄱ

갈릴레이, 갈릴레오 96
거울 40
거킨 빌딩 188
거피, 세라 54~56
건전지(배터리) 142
국제 우주정거장 161~162
그레이트웨스턴호 174
기자의 대피라미드 168~169
길브레스, 릴리언 93~94, 96

ㄴ

나이키 202
낙하산 46
날개옷 44
냄새나는 영화관 129~130
냉장고 45, 79, 94, 99
네이스미스, 제임스 201
노멕스 64
노벨, 알프레드 179~180
농구 201
니센, 조지 104

ㄷ

다리 55, 169~174, 176, 182, 196
다림질 110~111, 125
다이너마이트 179~180
다이슨, 제임스 89
대악취 191
더 샤드 188
데님 68
도난 경보기 120
도로 181~183
도르래 45, 186
동계올림픽 199
두루마리 화장지 23, 132
두카이나, 테오도라 102
듀랜드, 피터 95
디오더런트 33

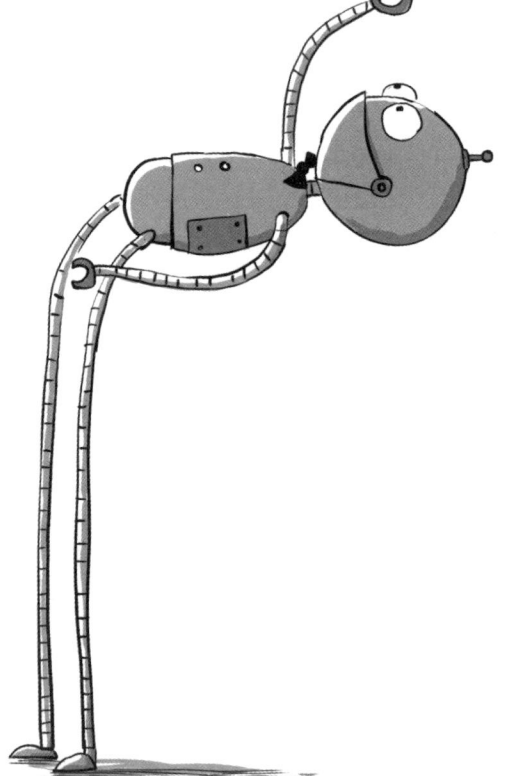

ㄹ

라디에이터 124
라디오 121~123
라이먼, 윌리엄 96
라이크라 64
라이헬트, 프란츠 46
로블링, 에밀리 173
로블링, 워싱턴 173
로블링, 존 173
로열 앨버트교 174
로퍼, 실베스터 46
루빈스타인, 헬레나 37
리모컨 118
립스틱 38

ㅁ

마르코니, 굴리엘모 122
마천루 188, 190
마테우치, 카를로 156
매트리스 49~50, 66
맥비커, 조 71
머피, 윌리엄 51
머피. 에드나 34~35
메스트랄, 게오르그 드 62
메카의 대모스크 163
모건, 게릿 58
목욕 15, 26, 41, 43, 57
무어, 토머스 77
무어, J. 로스 83~84
미즐리, 토머스 45

믹서 102

ㅂ

바셀린 38~39
바스(도시) 43
바우어만, 빌 202
바절게트, 조지프 191~192
방탄조끼 63
백신 102
베개 49, 67~68, 112
베어드, 존 로기 114~146, 119
벤켈, 미셸 67
벨크로 62
벽돌 181
변기 10, 17~23, 93, 162, 190, 192
볼콕 20
봉바르디에, 조제프-아르망 105
부로바 125
부르즈 할리파 188
부스, 허버트 세실 86~87
불럭, 윌리엄 45
브라운, 마리 밴 브리턴 121
브러시, 찰스 155
브루넬, 마크 177~178
브루넬, 이점바드 킹덤 174~175, 178
블레이크, 해럴드 133
비누 26, 33, 35~37
빈백 113
빵 55, 81, 96~98

ㅅ

샘슨, 조지 82
샤반, 마크 73
석탄 61, 151, 159
설상차 105~106
셰필드, 워싱턴 33
소아마비 102
소이어, 알렉시 브누아 81
소크, 조나스 102
소파 112-3, 126~127, 145
슈스터, 조 106
슈퍼맨 106~107
스마트 섬유 69
스몰린스키, 헨리 133
스완, 조지프 150~151
스톤헨지 167~169
스트라이트, 찰스 97~98
스팽글러, 제임스 88~90
스펜서 실버 72
스펜서, 퍼시 70
승강기 185~187
시겔, 제리 106~107
식기세척기 85, 100
신문 인쇄기 45
신호등 58, 184, 196
심재덕 41
쓰레기통 92~93

ㅎ

아이스바 105
알람 시계 9, 52~53
알-자와리, 이스마일 이븐 하마드 44
알파벳 20, 142
애디스, 윌리엄 31
애플 145
앨버트 공 143
어헌, 토머스 82
에디슨, 토머스 97, 145~148, 157
에퍼슨, 프랭크 105
에펠, 구스타브 194
에펠탑 46, 194
엔진 106, 133
엘리자베스 1세 17
엠파이어 스테이트 빌딩 188
열기구 154
염료 60~61
오븐 80~83, 100
오티스, 엘리샤 187
올림픽 198~199
우그, 필리프 기 33
우르 181
우주복 63
우주인 185
운동화 201~202
원자 136~137
웨이크필드, 루스 74
윈드서핑 107

유밴드 20
의류 건조기 83

ㅈ

자노타, 아우렐리오 113
자동차 82, 106, 126, 131, 148, 183~184
자동차 의자 82
자유의 여신상 194
자전거 46, 114, 184
잠수함 70
잭슨, 앤드루 131
저드슨, 휘트컴 65
전구 150~151, 155, 157, 159
전동칫솔 31, 33
전자기파 121
전자레인지 70
전파 121~122
접착 메모지 72
제너럴 일렉트릭 97
젤리 50
조이너, 마저리 58
종이 25, 132
주커맨, 이선 132
중앙 난방 시스템 123
증기선 174
지구 온난화 79, 151
지멘스, 베르너 폰 186
지퍼 65

ㅊ

채널 터널 160~161
처칠, 윈스턴 174
철도 174, 194
청소기 86~89, 101
초콜릿 칩 쿠키 74
축구 200
치약 33
치즈브로, 로버트 39
칠버스, 피터 107
침대 9, 45, 49~51, 54~56, 66~67
침대 도르래 45
침실 49, 53
칫솔 30~33

ㅋ

카텔란, 마우리치오 162
캔 따개 96
캘러헌, 제임스 184
컨버스, 마르키스 201
케블라 64
코크란, 조지핀 84~85
쿠베르탱, 피에르 드 199
콘티, 피에로 지노리 155

퀄렉, 스테퍼니 63~64
크라이슬러 빌딩 188
크래퍼, 토머스 19~21
크림 37~39

ㅌ

탈레스 138
테슬라, 니콜라 146, 148~149
텔레비전 114~118, 121, 125, 127, 178
텔케스, 마리아 153
토스터 96~98
통조림 95~96
트램펄린 104
트레비식, 리처드 177

ㅍ

팝업 광고 132
패러데이, 마이클 142~143
패럴림픽 199
퍼킨, 윌리엄 60~61
페센든, 레지널드 122

포스교 194
포프, 오거스터스 120
폴라로이드 카메라
푸벨, 외젠 92~93
풍력 발전 154~155
풍선 138
프라이스, 빈센트 100
프랭클린, 벤저민 139~140, 142
프로펠러 106
플레이도 71
피섬, 윌리엄 28
피카르, 베르트랑 153
피카르, 자크 154
핀리, 제임스 173
필딩, 앨프리드 73
필라멘트 150~151, 157

ㅎ

해링턴, 존 17~18
향수 38
허친스, 레비 52
헤어드라이어 57
홀, 찰스 50
화약 177
화장실 16, 18~19, 24, 41~43, 163, 167
횡단보도 184, 194
후버, 윌리엄 88

C

CCTV 카메라 121, 128

애덤 케이

예전에는 의사였지만 이제는 작가로 활동하고 있음.
그의 책을 좋아하는 아이들과 부모님들에게는 아주 좋은 소식일 듯.

핸리 패커

어릴 때 책 한구석에 엉뚱한 낙서를 하다가 어른이 된 지금은
책 한가운데에 엉뚱한 낙서를 하고 있음.

옮긴이 박아람

전문 번역가로 활동하고 있습니다. 주로 문학을 번역하며 KBS 더빙 번역 작가로도 활동했습니다. 『마션』, 『이카보그』, 『신들의 양식은 어떻게 세상에 왔나』, 『아이 러브 딕』, 『요크』, 『맨디블 가족』, 『해리 포터와 저주받은 아이』, 『12월 10일』, 『프랑켄슈타인』 등의 소설 외에도 『닥터 K의 이상한 해부학 실험실』, 『작가의 시작』과 『빙하여 안녕』을 비롯하여 70권이 넘는 다양한 분야의 영미 도서를 번역했습니다. 2018 GKL 문학번역상 최우수상을 수상했습니다.

닥터 K 역대급 발명왕 ❶

펴낸날 초판 1쇄 2025년 3월 4일

지은이 애덤 케이

그린이 헨리 패커

옮긴이 박아람

펴낸이 이주애, 홍영완

편집장 최혜리

윌북주니어 이은일, 한수정, 김혜민

편집 김하영, 박효주, 강민우, 홍은비, 안형욱, 김혜원, 최서영, 송현근, 이소연

디자인 박소현, 김주연, 기조숙, 박정원, 윤소정

홍보마케팅 김준영, 김태윤, 백지혜, 박영채

콘텐츠 양혜영, 이태은, 조유진

해외기획 정미현, 정수림

경영지원 박소현

펴낸곳 (주)윌북 **출판등록** 제2006-000017호

주소 10881 경기도 파주시 광인사길 217

전화 031-955-3777 **팩스** 031-955-3778

홈페이지 willbookspub.com **블로그** blog.naver.com/willbooks

트위터 @onwillbooks **인스타그램** @willbooks_pub | @willbooks_jr

ISBN 979-11-5581-790-2 74500

　　　979-11-5581-789-6 74500 (세트)

· 책값은 뒤표지에 있습니다.

· 잘못 만들어진 책은 구입하신 서점에서 바꿔드립니다.

· 이 책의 내용은 저작권자의 허가 없이 AI 트레이닝에 사용할 수 없습니다.

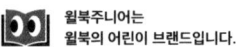
윌북주니어는
윌북의 어린이 브랜드입니다.